国家自然科学基金资助项目(41202179,51209109)
国家 973 计划课题(2006CB403204)
江苏高校优势学科建设工程资助项目
中央高校基本科研业务费专项资金资助项目(2015XKZD04)
中国矿业大学优秀青年骨干教师资助项目

西南岩溶地下河系统 水流运动数值模型及 枯季流量衰减特征

董贵明 束龙仓 田 娟 著

U0337624

中国矿业大学出版社

内 容 提 要

本书主要有两部分内容,第一部分是西南岩溶地下河系统数值模型,第二部分是依据该数值模型对地下河枯季的流量衰减进行分析。第一部分主要内容具体为:① 建立了西南岩溶地下河系统水文地质概念模型和水流运动数值模型;② 推导出了矩形无压管道二维恒定均匀层流条件下流速的解析表达式与指数函数型和幂函数型两个近似表达式;③ 对孔隙水、裂隙水自由面问题、管道流有压无压转换问题、管道流层流紊流转换问题和非线性方程组求解问题给出了新的处理方法,针对管道水流混合水头损失问题,对比分析了不同摩擦系数修正方法的差别;④ 编制了数值模拟程序 UGRFLOW09。

第二部分主要内容具体为:① 定义了枯季流量衰减分析中的瞬时衰减系数和名义衰减系数,提出了新叠加指数衰减方程,分析了六种衰减方程的衰减系数时变特征;② 使用数值模型和物理试验分析了地下河系统在不同条件下衰减系数的时变特征及衰减方程的形式;③ 通过数值模型分析了衰减系数与地下河系统特征之间的关系,提出了平均灵敏度系数的概念,计算了水文地质参数对衰减系数的灵敏度值,并与排水沟模型的衰减规律进行对比,定义了管道流量系数,并分析了其与第一段衰减系数之间的关系;④ 分析了贵州后寨地下河系统枯季流量的衰减特征。

本书可供水文地质工程地质、地下水科学与工程、水文与水资源工程、环境科学、岩土工程等专业的科研人员、高校师生和工程技术人员阅读。

图书在版编目(CIP)数据

西南岩溶地下河系统水流运动数值模型及枯季流量衰减特征/董贵明,束龙仓,田娟著.—徐州:中国矿业大学出版社,2015.12

ISBN 978 - 7 - 5646 - 2980 - 9

Ⅰ. ①西… Ⅱ. ①董… ②束… ③田… Ⅲ. ①岩溶区—伏流—水流动—水文模型—西南地区 Ⅳ. ①P941.77

中国版本图书馆 CIP 数据核字(2015)第 310399 号

书　　名	西南岩溶地下河系统水流运动数值模型及枯季流量衰减特征
著　　者	董贵明　束龙仓　田　娟
责任编辑	李　敬
出版发行	中国矿业大学出版社有限责任公司
	(江苏省徐州市解放南路　邮编 221008)
营销热线	(0516)83885307　83884995
出版服务	(0516)83885309　83884920
网　　址	http://www.cumtp.com　E-mail:cumtpvip@cumtp.com
印　　刷	徐州中矿大印发科技有限公司
开　　本	787×1092　1/16　**印张** 8.75　**字数** 167 千字
版次印次	2015 年 12 月第 1 版　2015 年 12 月第 1 次印刷
定　　价	28.00 元

(图书出现印装质量问题,本社负责调换)

前　言

　　地下河系统水资源是西南地区重要的水资源,在水资源开发利用困难地区尤其是在枯季发挥了重要的作用,已成为西南地下水资源开发的重点。对岩溶地下河系统结构、水文地质条件、水流运动特征的研究是岩溶地下河系统水资源有效利用的基础,但由于岩溶含水介质水文地质参数的高度非均质性,在岩溶地区通过传统水文地质工作方法很难获得有效的水文地质资料,这使得岩溶地区的水资源评价、水循环规律研究变得十分困难。岩溶地下河系统的枯季流量观测资料相对是较容易获得的,通过研究其衰减变化规律,对获取水文地质参数,认识岩溶地下河系统空隙组成以及直接进行水资源评价都具有重要意义。

　　西南岩溶地区除水资源短缺之外,由于人口密度大,人类活动强烈,造成大面积垦荒和毁林,产生岩溶地区的水土流失和石漠化问题。水资源问题和石漠化问题已成为制约西南经济可持续发展的主要问题。影响石漠化的一个重要因素是岩溶区的水循环过程,通过研究地下河流量衰减特征,进而提高对岩溶区水循环规律研究的水平,可为石漠化治理提供科学依据。

　　本书针对与周围空隙介质有密切水力联系、分布于饱和带中且具有单一出口排泄的地下河系统,建立了系统中水流运动数值模型,并通过数值模型、物理试验和贵州省后寨地下河流域枯季流量实测资料分析了系统流量衰减特征。

　　首先总结了地下河的发育、分布、水文地质和水动力特征,建立了西南岩溶地下河系统水文地质概念模型,分析了水文地质概念模型中的渗透系数、给水度、水力坡度、衰减系数和含水介质比例的变化情况。

　　在水文地质概念模型的基础上,建立了地下河系统水流运动数值模型。推导了变质量管流的水流运动方程和连续性方程,并基于广义牛顿内摩擦定律和水流能量方程,推导出了矩形无压管道二维恒定均匀层流条件下流速解析解,建立了指数函数型和幂函数型断面平均流速近似表达式;阐述了数值模型的求解思路,提出了水流运动模拟中的孔隙水、裂隙水自由面问题、管道水流有压无压转换问题、管道水流层流紊流转换问题和非线性方程组求解问题的新处理方法,编制了地下河系统的水流运动数值计算程序,针对管道水流混合水头损失问题,对比分析了不同摩擦系数修正方法的差别。

地下河系统水流运动数值模型为系统流量衰减特征分析提供了数值分析工具。

本书定义了流量衰减分析的两种衰减系数：瞬时衰减系数和名义衰减系数，提出了新叠加指数衰减方程，分析了六种衰减方程的衰减系数的时变特征。使用建立的地下河系统水流运动数值模型和物理试验分析了地下河系统在不同条件下衰减系数的时变特征及衰减方程的形式。

通过地下河系统水流运动数值模型分析了衰减系数与地下河系统特征之间的关系。定义了平均灵敏度系数的概念，计算了水文地质参数对衰减系数的灵敏度值，并与排水沟模型的衰减规律进行了对比。定义了管道流量系数，并分析了其与第一段衰减系数之间的关系。

分析了贵州省后寨地下河系统枯季流量衰减特征，并与数值分析和物理试验的结果进行了对比。

全书由董贵明统稿。

由于我们的水平有限，书中难免有许多不足之处，敬请读者批评指正。

著　者

2015 年 11 月

目　　录

1 绪 论

1.1 研究背景及意义

1.1.1 研究背景

我国西南岩溶的显著特点为连片分布面积大、形态类型齐全,以连座锥状的峰丛-洼地、峡谷和塔状峰林-平原、谷地为主要地貌类型,其中大部分是以连座锥状的峰丛-洼地为主形成的山区(即西南岩溶山区),该山区以云贵高原为主体,贵州为核心[1]。

在南方岩溶地区,大气降水和地表水通过落水洞、天窗、竖井、裂隙等进入地下而转化为地下水。地下水不断地对岩溶孔隙、裂隙、洞穴、管道等进行改造,形成了具有相当规模的岩溶通道,并组合成岩溶地下水系统,主要包括岩溶裂隙型地下水系统、岩溶管道型地下水系统和岩溶地下河型地下水系统。郭纯青等[2]根据岩溶地下水系统形成演化的 10 个要素及中国南北方岩溶多重介质环境的主要特征,将中国岩溶地下水系统划分为 7 种类型:岩溶孔隙型、岩溶裂隙型、岩溶洞穴型、岩溶管道型、岩溶地下河型、岩溶大泉型、岩溶表层带型。其中岩溶地下河系统是由发育在地下浅部的岩溶管道、岩溶洞穴、岩溶裂隙和岩溶孔隙等多种岩溶空隙介质体(通常以岩溶管道和岩溶洞穴等为主)组成的多重复合体系,具有高度的非均质性和各向异性,导储水空间以岩溶管道为主,岩溶水主要为暗河水流,有许多落水洞、天窗与其沟通,岩溶水主要通过这些通道获得降水补给。

据初步统计,中国岩溶水资源约为 2 039 亿 m^3/a,允许开采量为 616 亿 m^3/a,已开采量仅占允许开采量的 16%。岩溶水资源约占其地下水总水资源的 23%,中国南方(西南)各省岩溶水资源约占南方(西南)地下水资源的 50%以上,中国南方主要地区岩溶水资源情况见表 1-1。中国南方岩溶区约有近 3 600 条地下河系(不完全统计),总长度可达 18 000 km 之多,总流量约为$1.7×10^3$ m^3/s[3,4],岩溶地下河已成为水资源开发利用的重点之一,但由于地下河系在时空分布方面的复杂性、含水介质空隙空间方面的多重性等问题,使岩溶地下河系水资源的开发利用存在许多亟待解决的问题。

表 1-1 中国南方主要地区岩溶水资源简表

地区	地下水资源 /($\times 10^8$ m³/a)	岩溶水资源 /($\times 10^8$ m³/a)	岩溶水与地下水 资源比值/%
云南	742	345	46
贵州	479	386	80
四川	551	135	24
重庆	160	118	73
广西	699	374	53
湖南	456	263	57
湖北	416	185	44
总计	3 503	1 806	51

西南岩溶地区除水资源短缺之外,由于人口密度大,人类活动强烈,造成大面积垦荒和毁林,产生岩溶的水土流失和石漠化问题。水资源问题和石漠化问题已成为制约西南经济可持续发展的主要问题。本书将建立西南地下河系统水流运动数值模型,并分析地下河系统流量衰减特征。

1.1.2 研究意义

地下河系统本身结构的复杂性以及分布地区的水资源利用状况、生态状况,是进行地下河系统流量衰减特征以及通过衰减分析认识地下河系统结构研究的直接原因,该项研究在实践和理论方面都有重要意义。

实践方面:

(1) 地下河系统是西南地区重要的水资源,在水资源缺乏地区尤其是在枯季发挥了重要的作用,已成为西南地下水资源开发的重点。对岩溶地下河系统结构、水文地质条件、水流运动特征的研究是岩溶地下河系统水资源有效利用的基础,但由于岩溶含水介质水文地质参数的高度非均质性,在岩溶地区通过传统水文地质工作方法很难获得有效的水文地质资料,这使得对岩溶地区的水资源评价、水循环规律研究变得十分困难。岩溶地下河系统的枯季流量观测资料相对是较容易获得的,通过研究其衰减特征,对获取水文地质参数,认识岩溶地下河系统空隙组成以及直接进行水资源评价都具有重要意义。

(2) 目前我国石漠化土地面积占我国西南地区岩溶区总面积的 31%,近 2 000 万人的生存环境受到严重威胁,更严重的是石漠化面积还在不断扩展。石漠化现象不仅使土地生产力下降、地表植被覆盖率锐减、系统水源涵养能力削弱、地表水源枯竭,而且造成土地资源减少、粮食减产。为进一步推进西部大开发,对西南石漠化的治理已经刻不容缓。影响石漠化的一个重要因素是岩溶区的水循环过程[5-7],通过建立西南典型地下河系统水流运动数值模型,研究地下河流量衰减特征,进而提高岩溶区水循环规律研究的水平,可为石漠化治理提供科学依据。

理论方面:

(1)国内外关于岩溶地下河系统流量衰减规律的研究已有一百多年的历史,这些研究基本上都是根据孔隙介质理论和实际的流量观测资料分析得到的,在分析过程中有很多经验成分,很多认识还没有统一起来。因此,含水层水文地质特征和流量衰减特征之间的关系等方面还需要进一步研究。

(2)地下河系统流量衰减的研究必然涉及岩溶地下河系统中多重介质水流运动规律的研究,而多重介质水流运动规律是地下水流运动规律研究的重点和难点之一[8-10],因而,地下河系统流量衰减的研究将有可能推动多重介质水流运动规律的研究。

(3)研究地质、水文地质特征和水循环过程异常复杂的岩溶地下河系统流量衰减过程,将对其他流域枯季流量衰减过程研究具有借鉴意义。

1.2 衰减曲线方程形式研究进展

1.2.1 国外研究进展

流量衰减分析是描述含水层特征的重要方法,在没有实测资料或者实测资料不足的情况下尤为重要。国外的水文学家、水文地质学家对枯季河流或者流量衰减过程的研究已有一百多年的历史[11,12]。在衰减曲线的研究过程中,研究者发现流量衰减曲线能够反映出含水层的结构特征,比如含水层的渗透系数、给水度等[13-16],在对岩溶含水层类型的刻画中也经常使用流量衰减曲线的分析方法[17-27]。衰减曲线方程的形式最早主要是由 Boussinesq(1877)[11]、Maillet(1905)[12] 和 Boussinesq(1903,1904)[22,23]提出的。Tallaksen(1995)[24]对基流衰减曲线的方程进行了总结,根据衰减曲线方程的来源将其分为基于含水层水流运动方程、基于流域蓄-泄关系、回归方程、经验关系式共四种类型。基于回归分析的衰减模型一般是建立流量和降水之间的回归方程,完全属于统计学方法,回归方程的建立不属本书的研究内容,其研究进展不进行阐述。

1.2.1.1 基于含水层水流方程的衰减方程

Boussinesq(1877)[11]是第一个进行泉流量衰减理论研究的,使用的潜水运动基本方程为:

$$\frac{\partial h}{\partial t} = \frac{K}{\varphi} \frac{\partial}{\partial x} \left(h \frac{\partial h}{\partial x} \right) \tag{1-1}$$

式中　　K ——渗透系数;

　　　　φ ——有效孔隙度;

　　　　h ——水头;

　　　　t ——时间。

在求解过程中做了如下的假定:含水层均质、各向同性,含水层宽(垂直于河流方向)为 L,长为 l;忽略毛细作用;含水层隔水底板是向上凹的,最低处低于河流水位 H;h 的变化相对于 H 是忽略不计的。水文地质概念模型如图 1-1 所示。

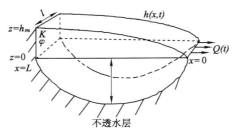

图 1-1　Boussinesq(1877)水文地质概念模型(Dewande 等,2003)

在这些假设的基础上,Boussinesq 得到了近似解:

$$Q(t) = Q(0)\mathrm{e}^{-\alpha t} \tag{1-2}$$

$$Q(0) = \frac{\pi}{2}KHl\frac{h_m}{L} \tag{1-3}$$

$$\alpha = \frac{\pi^2 KH}{4\varphi L^2} \tag{1-4}$$

式中　　$Q(0)$ ——初始流量;

　　　　$Q(t)$ ——t 时刻的流量;

　　　　α ——常数;

　　　　h_m ——距离河流为 L、整个含水层宽度处的 t 时刻水头。

Boussinesq(1903,1904)[22,23] 提出了另外一个流量衰减方程,水流方程仍然为式(1-1),水文地质概念模型如图 1-2 所示,含水层均质、各向同性,水位下降相对于含水层厚度不能忽略,隔水底板水平,河流位于隔水底板高程处,初始水位为下降的曲线。这个解的适用条件是排水时间足够长,即含水层水位的下降已经达到了零流量边界。该概念模型当排水时间较短时也有相应的解[14]。

$$Q(t) = \frac{Q(0)}{(1+\alpha t)^2} \tag{1-5}$$

$$Q(0) = 0.862Kl\frac{h_m^2}{L} \tag{1-6}$$

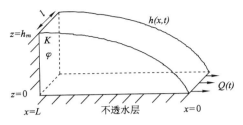

图 1-2 Boussinesq(1903,1904)水文地质概念模型(Dewande 等,2003)

$$\alpha = \frac{1.115Kh_m}{\varphi L^2} \qquad (1-7)$$

式(1-2)和式(1-5)是基于地下水流运动方程的基流衰减的两个基本解,式(1-5)是精确解析解,而式(1-2)是近似解析解,两式都得到了广泛的应用。

在 Boussinesq(1877,1903,1904)[11,22,23] 的研究之后,很多水文学者和水文地质学者基于式(1-1)进一步讨论和应用了基流衰减基本表达式[15,16,25-30]。Maillet(1905)[12] 首先将式(1-2)和式(1-5)应用到了 Vanne 河的枯季径流分析中,并指出了这两个表达式的适用性。Drogue(1972)[31] 对式(1-5)的线性化形式进行了研究。Horton(1933)[32] 在式(1-2)的基础上得出了一个新的衰减表达式:

$$Q(t) = Q(0)e^{-a t^m} \qquad (1-8)$$

式中,m 为常数。式(1-8)也常被叫作霍顿双指数型(Horton double exponential)。埃迪尔曼(Edelman)(1947)在半无限潜水一维含水层条件下得到了埃迪尔曼型表达式,该表达式与式(1-5)仅仅相差常数倍,这是由基本假设不一致引起的。

Werner 和 Sundquist(1951)[33] 提出了承压含水层出流的表达式:

$$Q(t) = \sum_{i=1}^{n} Q(0)_i e^{-a_i t} \qquad (1-9)$$

式(1-9)也被用来对流量过程线的整个衰减部分进行模拟。克莱因霍夫(Kraijenhoff)(1958)在含水层位于两个不透水边界之间,且中间有河流穿过的一维流概念模型基础上,推导了含水层出流模型,该模型为叠加指数型,形式上与式(1-9)不同的是和式中各指数项的系数不变,这个结果也说明了单一指数型在某些条件下是不适用的。

Singh 和 Stall(1971)[34] 讨论了两种河流边界类型:完全切割含水层和部分切割含水层,指出 Boussinesq 的指数衰减模型仅适用于河流完全切割的情况。Nutbrown(1975)[35] 把标准模式(normal-mode)应用到河流部分切割含水层时含水层的出流分析,并基于二维水流方程和 Dupuit 假设得到出流量的表达式:

$$Q(t) = \sum_{i=1}^{\infty} A_i K_i^t \qquad (1-10)$$

式中，A_i 依赖于含水层出流的初始值 $Q(0)$ 和含水层的初始水位分布。Nut-brown 和 Downing(1976)[36] 指出，当含水层中的水头相对比较光滑并且可以用标准模式表示时，式(1-10)中只包含一项即可，但一般情况下，是由多项组成的，式(1-10)也适用于河流完全切割的情况。

Kovács(2003,2005)[37,38] 参考了 Carslaw 和 Jaeger(1959) 的热传导方程的解析解得到了研究区为立方体形状的二维孔隙介质流量衰减表达式：

$$Q(t) = \frac{128}{\pi^2} T \sum_{n=0}^{\infty} \exp\left[-(2n+1)^2 \pi^2 \frac{Tt}{\mu L^2}\right] \times \sum_{n=0}^{\infty} \frac{\exp\left[-(2n+1)^2 \pi^2 \frac{Tt}{\mu L^2}\right]}{(2n+1)^2}$$

(1-11)

式中，T 为含水层的导水系数；μ 为给水度；L 为研究区平面边长。忽略系列的高阶项，并将解析表达式代入 Maillet(1905) 的经典公式中，二维均质区的衰减系数如式(1-12)所示，Kovács 将该衰减系数表达式应用到了实际岩溶地区：

$$\alpha = \frac{2\pi^2 T}{\mu L^2}$$

(1-12)

1.2.1.2　基于流域蓄-泄关系的衰减方程

Maillet(1905) 首先根据线性蓄-泄关系得到了与式(1-2)一致的衰减方程，是最早的根据流域蓄-泄关系得到的衰减方程。在实际应用过程中，研究者发现线性水库的蓄泄系数不总是常数，可能会随着含水层出流量的减小出现增加的趋势，流域的蓄-泄关系表现出较强的非线性特征[39,40]。这种非线性关系经常使用幂函数形式表示：

$$W(t) = a\left[Q(t)\right]^b$$

(1-13)

式中，$W(t)$ 为 t 时刻该河流断面以上流域蓄水量；a、b 为常数，且 $b \neq 1$。

结合式(1-13)和枯水期水量平衡方程，可得：

$$Q(t) = Q(0)\left[1 + \alpha t\right]^{\theta}$$

(1-14)

式中：

$$\alpha = \frac{(b-1)Q(0)}{bW(0)}$$

(1-15)

$$W(0) = a\left[Q(0)\right]^b$$

(1-16)

$$\theta = \frac{1}{b-1}$$

(1-17)

当 $b = 0.5$ 时，式(1-14)即为 Boussinesq(1903,1904) 提出的双曲线衰减模型。非线性蓄-泄关系在很多流域中得到了应用[39-44]。文献[39]中取 $\theta = -1.67$，对实际流域的流量衰减进行了很好的拟合。文献[45,46]提出了与式(1-14)相一致的模型来模拟岩溶泉的整个衰减过程，法国的 Drogue(1972)[31]

通过对由 100 个泉组成的泉和泉群的 12 个观测点的流量衰减数据进行分析,比较了 θ 分别取 -0.5、-1.5、-2、-3 和 5 的结果,分析表明 θ 取 -1.5 更为合适。文献[47]认为,简单流域适用于线性蓄-泄关系,而复杂的流域一般符合非线性蓄-泄关系。

单一指数型衰减模型只能用于流量衰减曲线的最后部分,而式(1-14)能够应用于整个流量衰减过程的模拟。很多研究者都尝试使用叠加指数型对整个流量衰减曲线和衰减曲线的最后部分进行模拟[25,33,45,48-50],即使用多个线性水库的串、并联来模拟含水层的蓄-泄关系,这也是使用叠加的线性模型来代替非线性模型的一种思路。从 20 世纪 60 年代开始,指数衰减函数在岩溶地区也得到了广泛的应用,使用较多的是叠加型指数模型。福卡西维奇(Forkasiewicz,1950,1953)和帕洛斯(Paloc,1950,1953)研究了法国的 Foux de la Vis 泉,建立了叠加型的指数衰减方程。Schoeller 和 Drogue(1967)[51,52]使用叠加指数型衰减模型分析了岩溶含水层的流量衰减过程,将最大的衰减系数对应于管道介质,最小的衰减系数对应于基质和裂隙,中间的衰减系数对应于中间规模的介质。南斯拉夫的米亚托维茨(1968)总结了南斯拉夫的吉塔(Jeita)泉、纳巴·莱茵(Nabaa Racheine)泉和雅德罗(Jadro)泉流量衰减过程,其中的第一段管道衰减方程使用了独立指数型和直线型两种,其他衰减段使用的是叠加型指数衰减方程。分析指出通常在岩溶地区存在三种不同的介质:岩溶管道、岩溶化程度不同的大裂隙、细小的裂隙和孔隙,由于岩溶含水层几何上的无规律性和各向异性,流量的衰减应该是分阶段的,不同阶段应使用不同的衰减系数来描述。在具有水平隔水底板的薄含水层和厚含水层条件下,米亚托维茨对衰减过程中层流、紊流相应的衰减曲线的形式进行了简单的讨论。Mangin(1970)[18]和 Cheng(2008)[47]指出,尽管这种方法可以用来模拟流量的衰减,但使用组合的独立水库模拟含水层出流不符合实际情况,缺乏物理基础并且不太容易使用。Moore(1997)[40]也提出了同样的观点,并且认为这种模型很可能仅仅是由于增加了曲线的拟合参数,通过参数的调整达到了较好的衰减曲线拟合效果。使用 Király、Morel(1976)[53]的数值模型,Eisenlohr 等(1997)[54]构建了包含管道和基质两种渗透介质的模型,但却模拟出了流量衰减中的三个阶段,他们指出,介质的类型数量和衰减的阶段数可能并不总保持相同。

Croke(2006)[55]和 Cheng 等(2006)[56]讨论了水库蓄-泄关系的时变特性。Cheng(2008)[47]使用时变流域蓄-泄关系式(1-18)结合枯季流域水量平衡方程得到式(1-19):

$$W(t) = \tau(t)Q(t) \tag{1-18}$$

$$\frac{\mathrm{d}Q(t)}{\mathrm{d}t} = -\frac{1}{\tau(t)}Q(t) \tag{1-19}$$

令 $\dfrac{1}{\tau(t)} = \dfrac{1}{\tau t^m}$，Cheng 分析了当 $m \geqslant 0$ 时的衰减方程，这时的方程包括了单一指数型和霍顿双指数模型(1933)等基本模型。对 $\tau(t)$ 在 t_0 时刻展开，并保留前三项，得到了一个幂函数、指数函数混合的衰减方程：

$$Q(t) = ct^{-a_0} e^{-a_1 t + a_2 \frac{1}{t}} \tag{1-20}$$

该方程包含四个常数：c、a_0、a_1、a_2。Cheng 对比了单一指数型、反转指数型 $\left[Q(t) = ae^{\frac{b}{t}}\right]$、幂函数型、混合模型在实际地区的应用效果，分析表明混合型有更好的拟合效果。最后指出，以后将对变系数的幂函数型流域蓄-泄关系对应的枯季流量衰减方程给予研究。

1.2.1.3 基于经验关系的衰减模型

Coutagne(1948)[57]提出了一个水库出流模型：

$$Q(t) = Q(0) \left[1 + (n-1)\alpha_0 t\right]^{\frac{n}{1-n}} \tag{1-21}$$

$$\alpha_t = \alpha_0 \left[1 + (n-1)\alpha_0 t\right]^{-1} \tag{1-22}$$

式中，n 是常数，且 $n \neq 1$。式(1-21)和式(1-22)是较早的以经验为主的整个流量过程衰减方程。Padilla 等(1994)[21]指出，当 n 取值在 $0 \sim 2$ 时，式(1-21)能应用到河流或者非岩溶泉的流量衰减过程，但不适用于岩溶泉，Padilla 在式(1-21)中引入了一个常数 Q_c，常数 Q_c 代表相邻含水层或者下部的弱透水层的衰退，表达式如下：

$$Q(t) = \left[Q(0) - Q_c\right] \left[1 + (n-1)\alpha_0 t\right]^{\frac{n}{1-n}} + Q_c \tag{1-23}$$

Toebes 等(1964)[58]在单一指数型衰减模型的基础上引入了一个常数 b，表达式如下：

$$Q(t) = \left[Q(0) - b\right] e^{\frac{-t}{c}} + b \tag{1-24}$$

Radczuk 等(1989)[59]将式(1-24)应用到波兰的一些流域中，指出常数 b 是最小基流值；Clausen(1992)将式(1-24)应用到两条丹麦河流中，并与单一指数型和 Nutbrown(1975)的模型(两个幂函数项加上一个常数项)进行了对比，结果表明式(1-24)与后者更加接近。

Otnes(1953)[60]通过对挪威南部一些流域的研究，提出了一个新的双曲线模型：

$$Q(t) = at^{-1} - Q(0) \tag{1-25}$$

式中，a 是常数。后来，Otnes(1978)[61]又提出了一个模型：

$$Q(t) = at^{-r} \tag{1-26}$$

式中，常数 $r > 1$。在挪威的一些湖分布较多的流域该模型有较好的适用性，到目前为止，在挪威的衰减分析研究中还常常使用式(1-26)。式(1-26)与 Toebes 等(1964)[58]提出的另外一个模型只相差一个常数 b：

$$Q(t) = at^{-r} + b \tag{1-27}$$

式(1-27)与式(1-24)都可用在有融雪和冻土的流域中。

Mangin(1970,1975)[18,19]通过线性和非线性两部分来描述岩溶系统的流量衰减：

$$Q(t) = \varphi(t) + \phi(t) \tag{1-28}$$

$$\varphi(t) = q_{r0} e^{-at} \tag{1-29}$$

$$\phi(t) = q_0 \frac{1 - \eta t}{1 + \varepsilon t} \tag{1-30}$$

式中的参数除了 t 之外都为常数。$\varphi(t)$ 代表衰减的线性部分，$\phi(t)$ 代表非饱和带的地表入渗补给。

Samani 等(1996)提出了一个类似于 Mangin(1970,1975)的也是由两部分组成的衰减模型：

$$Q(t) = \varphi(t) + \theta(t) \tag{1-31}$$

$$\varphi(t) = q_{r0} e^{-at} \tag{1-32}$$

$$\theta(t) = [Q(0) - q_{r0}] [1 + (n-1)\alpha_0 t]^{\frac{n}{1-n}} \tag{1-33}$$

其中的两部分同样是分别用来描述饱和带和非饱和带流量衰减。尽管式(1-33)比式(1-30)可能更接近解析解,但这个公式同样也不能提供更多的含水层信息。

上述国外学者提出的衰减方程形式总结如表 1-2 所列。

表 1-2 国外衰减方程形式总汇

衰减曲线来源	年份	研究者	衰减方程
基于含水层水流运动方程	1877	Boussinesq	$Q(t) = Q(0) e^{-at}$
	1903,1904	Boussinesq	$Q(t) = \dfrac{Q(0)}{(1 + at)^2}$
	1933	Horton	$Q(t) = Q(0) e^{-at^m}$
	1951	Werner,Sundquist	$Q(t) = \displaystyle\sum_{i=1}^{n} Q(0)_i e^{-a_i t}$
	1975	Nutbrown	$Q(t) = \displaystyle\sum_{i=1}^{\infty} A_i K_i^t$
	2003,2005	Kovács	$Q(t) = \dfrac{128}{\pi^2} T \displaystyle\sum_{n=0}^{\infty} \exp\left[-(2n+1)^2 \pi^2 \frac{Tt}{\mu L^2}\right] \times$ $\displaystyle\sum_{n=0}^{\infty} \frac{\exp\left[-(2n+1)^2 \pi^2 \dfrac{Tt}{\mu L^2}\right]}{(2n+1)^2}$

衰减曲线来源	年份	研究者	衰减方程
基于流域 蓄-泄方程	1905	Maillet	$Q(t) = Q(0)\left[1 + \alpha t\right]^{\theta}$
	2008	Cheng	$Q(t) = ct^{-\alpha_0}e^{-\alpha_1 t + \alpha_2 \frac{1}{t}}$
基于经验 关系式	1948	Coutagne	$Q(t) = Q(0)\left[1 + (n-1)\alpha_0 t\right]^{\frac{n}{1-n}}$
	1994	Padilla	$Q(t) = \left[Q(0) - Q_c\right]\left[1 + (n-1)\alpha_0 t\right]^{\frac{n}{1-n}} + Q_c$
	1964	Toebes	$Q(t) = \left[Q(0) - b\right]e^{\frac{-t}{c}} + b$
	1953	Otnes	$Q(t) = at^{-1} - Q(0)$
	1978	Otnes	$Q(t) = at^{-r}$
	1970,1975	Mangin	$Q(t) = \varphi(t) + \phi(t)$
	1996	Samani	$Q(t) = \varphi(t) + \theta(t)$

1.2.2　国内研究进展

与国外相比,国内对岩溶地区流量衰减的研究起步较晚。1978 年,原国家地质总局岩溶地质考察组发表的《赴南斯拉夫岩溶地质考察技术报告》和 1982 年何宇彬的《喀斯特水文学》中最早引入了岩溶泉流量衰减方程。在"五五"、"六五"期间对湖南洛塔流域、贵州普定南部、贵州独山南部、广西都安地苏地下河流域的水资源开发利用进行了较为详细的研究,这些流域都发育众多的地下河系,地下河流量衰减过程基本上都是使用的独立指数型、叠加指数型、直线方程(某些地下河流域的第一段使用直线方程)进行拟合,其中以独立指数型为主,这一时期是我国较集中研究地下河流量衰减方程的时期。《勘察科学技术》杂志在 1984 年开设了"岩溶水亚动态衰减方程讨论"专栏,刊登了一些国内衰减方程研究的文章。

黄敬熙(1982)[62]以湖南洛塔岩溶盆地为例,分析了独立指数型流量衰减方程的应用,将洛塔岩溶盆地的衰减部分分成四段,分段使用指数型衰减方程进行拟合,并计算了每一种空隙的含水体积。缪钟灵等(1984)[63]分析了衰减系数的含义,将泉水排泄动态反应的储水空间分为均一储水空间型、双重储水空间型、多种储水空间型三种类型,并对指数衰减方程的用途进行了总结,最后指出指数衰减方程并不是唯一的泉流量衰减方程。林敏等(1984,1988)[64,65]对泉流量衰减方程中衰减系数的物理意义进行了探讨,通过砂柱的非稳定达西渗流试验推导出了流量和水位的独立指数衰减表达式。林敏等使用推导出的公式对四种理想的泉流量衰减模型进行了分析。

杨立铮(1982)[66]建立了后寨地下河叠加指数型衰减方程,并将其衰减分为三段。程俊贤(1984)[67]指出了叠加指数型衰减方程是有误差的,在衰减曲线上出现了跳跃情况。同年,汤邦义(1984)[68]对泉流量衰减的指数型、叠加指数型进行了探讨,结论是叠加型的流量衰减方程与实际曲线明显不符,在转折时刻会出现流量的跳跃,不能使用叠加型方程表示,程俊贤(1985)[69]又得到了同样的结论。杨立铮(1982)、汤邦义(1984)、程俊贤(1985)以及法国、南斯拉夫等的岩溶学者使用的是各个时段初时刻的每个亚动态流量的差值作为指数函数的系数,也就是说,首先根据观测数据获得其在半对数坐标下的斜率,再使用这个差值就可以得到叠加型指数方程,使用这样的方法构建出的叠加指数型方程就会出现跳跃情况。国外较早使用这种方法确定叠加指数型方程的比如法国 Foux de la Vis(1950,1953)泉和南斯拉夫的雅德罗(Jadro)泉(1962),但没有见到国外关于跳跃问题的阐述。

　　20 世纪 90 年代至今,衰减方程形式的研究尤其是针对岩溶流域的研究国内基本未见到新的成果。

1.2.3　存在的问题

　　流量衰减分析是获取含水层特征的重要工具之一。衰减方程主要有两个来源:第一个是基于水流运动方程的近似或者精确数学解;第二个是衰减曲线完全数学上的方程拟合。一般情况下,孔隙介质含水层基流的衰减曲线使用单一指数模型可能能得到较好的拟合效果;对复杂流域(包括岩溶多重介质流域)的基流衰减曲线进行模拟或者对整个流量衰减过程进行模拟时单一指数型的误差会增加,这时可以考虑采用叠加指数模型、幂函数模型及其他的非线性模型等复杂模型,一些复杂模型既考虑了饱和带的衰减又考虑了非饱和带的补给作用。

　　尽管国内外对流量衰减的研究已有一百多年历史,但衰减方程的形式仍没有一致的结论,尤其是在岩溶地区,由于岩溶含水介质水文地质参数的各向异性和高度非均质性,使得该类型流域的衰减研究问题更加突出。已有衰减方程形式的研究方法一个是基于简单的孔隙水流方程的解析解,另一个是基于实际的观测资料,得到的大量不同形式的衰减方程,都在不同流域进行了验证。在什么条件下,应该使用何种衰减方程,至今没有一致的结论,这一方面是由于问题的复杂性,另一方面是由于研究方法缺乏多样化。

1.3　枯季径流指标影响因素研究进展

　　在研究枯季径流的影响因素时,国内外使用的指标一般多为连续多日最小流量及其径流模数的均值和方差[70]。除了使用流量值作为分析指标,衰减系数、基流指数、流量历时曲线也是重要的枯水分析指标。国内在研究岩溶流域枯季径流时,一般选用多年日、月、旬最小流量及相应的径流模数的均值和变差系数,在分析地下河枯季径流时一般使用衰减系数。枯季径流的形成及影响因素的复杂性与洪水基本相当,但枯水研究远不如洪水研究的深入。基流是枯季径流的重要组成部分,基流的影响因素及衰减形式研究应属于枯季径流的研究范围。衰减系数的影响因素分析是本书主要研究内容之一,但其他枯季径流指标的影响因素研究对其有借鉴和指导意义,所以,在介绍衰减系数的影响因素研究进展之后,接着介绍其他枯季径流指标的影响因素研究进展。

1.3.1 衰减系数影响因素研究进展

在 19 世纪中后期,水文学家和水文地质学家就开始了流量衰减的研究。在这些研究中包括了衰减系数影响因素的研究,研究方法主要是根据衰减方程进行简单的分析,由于流域尤其是岩溶流域的复杂性以及衰减方程并不能反映流域的全部或者大部分信息,所以这种研究方法得到的结论具有局限性,直到 20 世纪中后期至末期,岩溶地下水数值模型的建立才使得这项研究有了进一步的发展。国内的研究相对较少,仅限于实际流域的统计分析。

Király 和 Morel(1976)[53]建立了第一个耦合管流和扩散流的岩溶地下水数值模型,同时进行了一些灵敏度分析后得到结论:管道网络密度的增大导致了高的基流期衰减系数。Eisenlohr 等(1996,1997)[71,72]使用二维管流和扩散流模型进行了一些分析,分析表明,管道网络密度的增加导致了相应的基流衰减系数的上升,可是,同时增加低渗透性基质的存储系数和管道网络密度导致了衰减系数的减小。研究了补给函数对衰减曲线的影响,通过模拟水文过程线上的三个不同的补给函数的影响,应用了三角形、矩形、双曲线补给函数,模拟不考虑来自上部的补给滞后性时,基流衰减系数是一致的,可是,快速衰减分支(第一段)表现了明显的不同。Eisenlohr 认为补给的滞后性是客观存在的,当考虑滞后性时,基流衰减系数应该是减小的。Eisenlohr 也构造了包含有相同的管道密度,但管道方向是不同的模型。模拟表明:当管道网络的方向更接近于研究区长度方向时,基流衰减系数增加了。

Eisenlohr 没有研究低渗透性基质和管道网络的渗透性的分别改变的影响,Cornaton(1999)[73]使用三维模型完成了这个研究并得到结论:管道网络和基质的贮水系数这两者其中之一增加都将导致衰减系数的降低。

程星等(2000)[74]从影响岩溶地下水调蓄功能的因素出发,对影响泉流量衰减的岩性、构造、地貌阶段、地下水水力坡度、降水入渗方式等因素进行了定性分析。

程星等(2000)[74]和曹建华等(2005)[75]总结了不同岩性的岩溶水系统的衰减系数(表 1-3),认为岩性因素未必是决定性的因素。

表 1-3　　　　　　　　　　　不同岩性岩溶水系统流量衰减系数

岩性	地名	Ⅰ 亚动态	Ⅱ 亚动态	Ⅲ 亚动态
泥灰岩	普定龙潭口	0.072 3	0.014 40	0.002 57
石灰岩	普定后寨地下河	0.035 5	0.012 90	0.003 23
石灰岩	洛塔蚌蚌洞	0.150 0	0.039 00	0.016 50
石灰岩	洛塔双鼻洞	0.151 0	0.033 30	0.006 30
云灰岩	普定洪家地坝	0.126 1	0.031 98	0.003 45
灰云岩	普定犀牛潭	0.076 3	0.013 80	0.003 47
白云岩	普定陇嘎	0.030 2	0.003 89	

1.3.2　其他枯季径流指标影响因素研究进展

1.3.2.1　国外研究进展

国外研究者在分析各种因素对枯季径流的影响时,一般根据各区域的具体情况,选择必要的参数。Chow(1962)[76]、Tasker(1972)[77] 和 Skelton(1974)[78]等研究表明:无论地区条件如何复杂,在各因素中,对枯季径流预测的最有效的因素是流域面积。Carlston(1965)、Gregory 和 Walling(1968)认为枯季径流受到河网密度(L/A)的影响[79]。Wright(1970)[80]针对各类岩性的透水程度不同,提出了地质指数的概念,用来反映地质和水文地质条件对枯水流量大小的影响。Chang 等(1977)[81]从流域和气候的角度提出了 18 个影响因素,各因素对枯水的影响程度不一,经分析,最后确定了流域周长等 5 个因素对枯季径流影响较大。

Armbruster(1976)[82]建议使用下渗指标预报流域风化层基流。文献[83,84](1999,1990)表明流经沉积岩地区的河流在枯季的产流量较低,流经变质岩地区的河流则表现出相反的现象。Browne(1981)[85]尝试用退水特征来描述流域的蓄水量。Pereira、Keller(1982)[86] 和 Demuth(1989)[87]阐明了基流和退水常数与流域地形和气候特征之间的关系。Bingham(1986)[88]研究表明,地质条件、流域面积与退水常数有显著关系。Kuusisto(1987)[89]发现芬兰冬季的基流可以表达为流域内的湖泊面积百分比和流域面积的关系式。Zecharias 和 Brutsaert(1988)[90]在对美国东部的阿巴拉契亚地区的一些流域的研究中,利用因子分析发现:地下水出流主要受河网密度和平均流域坡度的影响。文献[91-93](1990,1992,1995)建议使用几种组合的无量纲的流域指标来分析基流:水文地质指标、土壤排水指数、植被指数和大孔隙与小孔隙的比例。在文献[94](1991)中使用相似的方法研究了流域地质指标对区域基流的影响。Vogel 等(1992)[95]研究表明,基流与流域面积、基流退水常数密切相关。Sakovich(1995)[96]对湖泊的作用进行了详细说明,并重点强调流域的各种特征以及河流高程对基流的显著作用。Nathan 等(1996)[97]利用 164 个流域资料建立了基流指数和流域特征之间的回归方程,这些流域特征包括面积、高程、有效长度、蒸散发量和降雨量等。Lacey 和 Grayson(1998)[98]通过对 114 个流域的研究,分析了一系列的地质-植被群和一系列无因子的流域特征对 BFI 的影响。

1.3.2.2　国内研究进展

陈利群等(2006)[99]总结了国内外基流影响因素的研究,分析了与基流紧密相关的流域和气候特征。我国对其他枯水指标影响因素的研究较国外晚[100],对非岩溶流域的研究相对较少。针对岩溶流域的研究主要集中于最近 10 年,影响因素主要包括流域面积、岩性、地貌类型、流域结构和森林植被的覆盖。

王在高(2002)[101]通过对贵州省的 28 个流域(包括岩溶流域和非岩溶流域)的多年平均最小日径流量与流域面积的关系分析后认为二者之间更符合幂函数关系。梁虹(1997)[102,103]选择了 68 个水文测站进行了流域空间尺度(包括大、中、小流域)与枯季径流特征值之间的关系分析。

梁虹等(1998)[104]选择了贵州省的 18 个流域进行了岩性和枯季径流特征值的分析,认为岩溶水系统内也会因岩性差异而引起枯季径流模数的差异,并且中小岩溶水系统各年最小流量的稳定性比非岩溶水系统要差一些。

王在高等(2002)[101,105,106]选择了贵州省的 22 个中小流域进行了分析,分析结果表明:以峰丛洼地为主的流域,各相应计算时段的枯季径流模数最小;以峰林溶源为主的流域,则相对较大。文献[104]中认为地貌类型的差异对枯季径流模数的影响程度小于岩性对枯季径流模数的影响程度,王在高等同时还进行了枯季径流变差系数分析。

马文瀚等(2002)[107]也选择了文献[101]中的流域进行了分析,得到了与文献[101]类似的结论,并建立了流域中的岩溶、非岩溶、岩溶化面积与多年平均日径流量之间的多元线性回归模型。

文献[108]认为从流域枯季径流特征来研究流域结构是可行的,文献中通过选取典型流域,认为用年降水和流域径流模数反映流域闭合性与用枯水入渗补给量和流域径流模数的相关性来反映流域枯水期闭合性得到的结论是一致的。

森林植被能够影响降雨再分配、影响土壤水分运动和改善河流的作用[109]。从国内研究来看,森林植被对河流枯季径流的影响存在着不同的结论。王在高等(2002)[101,106]分析了植被对枯季径流的影响,结果表明:在贵州省内,非岩溶流域的森林覆盖率一般在 40% 以上,而岩溶流域的森林覆盖率要远远小于这个值,其相应的最小枯季径流模数要大于岩溶流域。金栋梁(1989,2007)[110,111]通过观测分析表明:森林覆盖区比非森林覆盖区枯季最小径流模数增加。张富义认为植被率大的流域,其枯季径流一般较大而稳定。

1.3.3　存在的问题

衰减系数是定量描述衰减过程的一个重要的物理量,衰减系数虽然很早就已经在使用了,但是在衰减分析中,至今还没有给出明确的定义。衰减系数及其他枯季径流指标的影响因素研究主要存在以下四个问题:

(1)流域的复杂性,尤其是岩溶流域复杂的地表、地下二元结构特征,使得在分析流域某一特征与枯季径流特征值的关系过程中:① 在所选择的流域上不能做到流域其他特征的一致性;② 根据要分析的特征对所选择流域的聚类分析,存在一定的主观性;③ 选择的样本数量一般不多。这三个方面将影响结果的可靠性。

(2)分析的结论一般是定性的,缺乏定量的结果。

(3)对各种影响因素的重要程度缺乏分析。已有影响因素分析基本上都是基于实际的观测资料,这将导致很难对影响因素进行灵敏度等分析,也就不能得到各种影响因素的重要程度。

(4)在衰减分析中,很少有对衰减系数的时变特性进行分析的,缺乏在什么条件下衰减系数才是时变的,什么条件下又是时不变的。

1.4　岩溶地下河系统水流运动数值模拟研究进展

用于模拟岩溶地下河系统水流运动的数值模型主要有等效连续介质模型、双重连续介质模型、离散管网模型和混合模型。

1.4.1　国外研究进展

Kiráَly(1976,1985,1988)[53,112,113]建立了用于渗流和管流的数值模型,先后有3个版本:FEM301、FEN1 和 FEN2。模型基于有限单元法实现,采用了等效渗透系数的方法处理裂隙和管道水流。Eisenlohr(1996,1997)使用 Kiráَly 的数值模型进行了岩溶地下河系统的水流运动规律研究。Cornaton(1999)[73]建立了双重连续介质岩溶地下水流模型,并用于模拟地下河水流问题。Evangelos 等(2006)[114]和 Rozos 等(2006)[115]建立了岩溶地下水流模型 3DKFLOW,模型中使用了混合流方程描述流速与水力坡度之间的线性和非线性关系,该方程是线性达西公式和 DW 公式的更一般的形式。3DKFLOW 实际上仍然是一种等效连续介质模型。Thrailkill 等(1991)[116]建立了二维离散管网模型用于模拟地下河系统水流运动,并指出管网的空间、几何特征是模型效果的重要影响因素。Similarly 和 Jeannin 等(1995)也建立了离散管网模型模拟地下河水流运动。离散管网模型不考虑地下河周围介质中的水流运动问题。

1.4.2　国内研究进展

国内开始研究地下河系统水流模型的时间较国外晚。夏日元和郭纯青(1992)[117]提出了岩溶地下水系统单元网络模拟方法,考虑了管道水流的非线性特性,并将其应用于北山矿径流排泄区裂隙管道水系统的模拟。陈崇希(1995)[118]提出了岩溶管道-裂隙-孔隙三重介质地下水流模型及模拟方法,裂隙、管道水流采用等效渗透系数的方法进行模拟,等效渗透系数与流态有关,不同流态对应的渗透系数的表达式不同,通过迭代的方法确定具体表达式。成建梅和陈崇希(1998)[119]将管道-裂隙-孔隙模型成功地应用于广西北山矿区。赵坚和赖苗等(2005)[120]认为等效渗透系数法和变渗透系数法均适用于多重介质岩溶区。混合模型是最近10年内使用较多的多重介质区地下水模型,在坝体渗流和矿坑涌水量计算等方面有较多的应用[121],混合模型比较复杂,还有很多问题有待于进一步研究。

1.4.3　存在的问题

地下河系统的地下水流模型已经从单一等效连续介质模型发展到了可以考虑多种介质水流运动特征的混合模型,在理论上已经比较深入了,如果能获得有效的水文地质参数,那么就能够有效刻画地下水流运动规律。然而,岩溶地下河系统主要的特征是水文地质条件的高度非均质性和各向异性,根据目前的水文地质工作方法获取有效的水文地质参数还是有一定困难的,这也是影响岩溶地下河系统水流模拟发展的主要原因。

1.5　本书研究的主要内容

西南岩溶地下河系统按其发育阶段和形态特征可分成三类:① 与当地侵蚀基准面相适应的地下河,水量丰富,地下河水面与地面高差不大,地下河位于饱和带内,与周围的空隙介质水力联系密切,是分布较广泛且对水资源的开发利用有重要意义的一类地下河系统。② 穿山式地下河,地下河水面与地表河的水面等高,往往是连接相邻两溶蚀盆地中地表河的通道,该类地下河类似于伏流,与周围空隙介质的水力联系不密切,主流一般较短。③ 悬挂式地下河,规模较小,分布在峰林洼地区,主要是受隔水层的阻挡形成的,一般位于非饱和带内,与隔水层之上的空隙介质有一定的水力联系,但较弱。

本书主要研究第①类岩溶地下河系统,其他两类不作为本书的研究对象。

本书将建立地下河系统水流运动数值模型,并以数值模型和物理模型相结合的方式研究地下河系统枯季流量衰减特征。衰减特征的研究包括衰减系数的时变特性、衰减方程的形式和水文地质参数与衰减系数之间的关系。具体主要研究内容如下：

（1）建立西南岩溶地下河系统水文地质概念模型和数值模型

概括总结西南岩溶地下河系统的地质、水文地质和水循环特征，建立地下河系统水文地质概念模型，在水文地质概念模型的基础上，建立地下河系统水流运动的数学模型和数值模型，并对数值模型中孔隙-管道水流交换时摩擦系数的变化问题进行分析。数值模型的建立将为流量衰减特征分析提供数值试验工具。

（2）分析衰减系数的时变特性和衰减方程形式

定义流量衰减系数，并给出常用衰减方程的衰减系数表达式及其时变特性。采用理想数值模型、物理试验和贵州后寨地下河流域实际观测资料分析的方法，分析典型地下河系统枯季流量衰减系数的时变特性，并讨论枯季地下河系统流量衰减方程的形式。

（3）分析地下河系统特征与衰减系数之间的关系

采用理想数值模型的方法，分析地下河系统特征与衰减系数之间的关系，结合灵敏度分析比较地下河系统特征对衰减系数影响的灵敏性。

2 西南岩溶地下河系统水流运动数值模型

2.1 概述

我国的岩溶工作者对西南岩溶的发育、分布和类型等进行了长期的研究工作,其中,对地下河系统这一重要的岩溶类型给予了更多的关注。"五五"、"六五"期间,由国家科学技术委员会、地质矿产部组织的"四片五点"(广西都安、贵州普定、贵州独山、湖南洛塔和山西娘子关)岩溶水开发工作中,除山西娘子关之外,都为岩溶地下河系统。1986 年建成的桂林丫吉试验场也是典型的岩溶地下河系统,该试验场至今仍在观测。岩溶地下河系统已经成为西南岩溶水研究的重点之一,并且是一类重要的岩溶地下水源地。

本章将建立西南岩溶地下河系统的水文地质概念模型。在概念模型的基础上,建立系统地下水运动的数学模型和数值模型。通过解析解分析数学模型中涉及的层流时摩擦系数、断面平均流速的表达式。对系统地下水运动数值模拟中关键问题的处理方法进行阐述。进行有侧向流入(流出)管道不同流态下的各种摩擦系数修正方法对运动要素的影响分析。

2.2 西南岩溶地下河系统基本特征

2.2.1 地下河分布及长度

我国南方各省不同长度的地下河分布情况如表 2-1 所列。

表 2-1 中国南方地下河长度分类表[122]

地区	长度/km												地下河总数	
	>40			40~20			20~10			<10			条数	%
	I	II	III	I	II	III	I	II	III	I	II	III		
广西	4	0.9	36.3	32	7.4	52.4	36	81.0	34	371	83.6	16	443	17.7
云南	4	2.1	36.3	5	2.6	8.2	18	9.5	17	162	85.5	7.02	189	7.57

长度 /km	>40			40～20			20～10			<10			地下河总数	
地区	I	II	III	I	II	III	I	II	III	I	II	III	条数	%
贵州	3	0.3	27.4	17	1.6	27.8	45	8.0	43	1 011	93.9	43.8	1 076	43.1
四川				5	0.9	8.2	6	1.1	5	555	98.1	24	566	22.9
湖南				2	0.9	3.4	1	0.5	1	218	99.6	9.2	221	8.7
总计	11	% 0.4		61	% 2.4		106	% 4.2		2 317	% 92.9		2 495	

注：I——地下河条数；II——占各省地下河总数的百分数，%；III——占本类长度的百分数，%。

从表 2-1 可以看出：地下河主流长度小于 10 km 的占总条数的 92.9%，大于 40 km 的只占 0.4%，总体来看，地下河的长度以短小为主。

2.2.2　地下河系统碳酸盐岩出露情况

岩溶地下河系统为岩溶水系统的类型之一，对地下河系统的碳酸盐岩出露情况的认识，首先需要了解岩溶地下水系统的分类及其碳酸盐岩出露情况。

袁道先等[123]根据碳酸盐岩的出露形式将中国南方岩溶区划分为裸露型、埋藏型和覆盖型三大类。岩溶类型的分布如图 2-1 所示。从图 2-1 上可以看出，裸露型是岩溶的主要类型，其次是覆盖型。王宇[124]将岩溶水系统划分为浅循环和深循环两类，其中浅循环岩溶水系统可进一步划分为裸露型、裸露-覆盖型和裸露-埋藏型三类岩溶水系统。蒋忠诚等[4]将西南岩溶水系统划分为两大类型和四个亚类。第一大类为裸露型岩溶水系统，可划分为两个亚类：表层岩溶

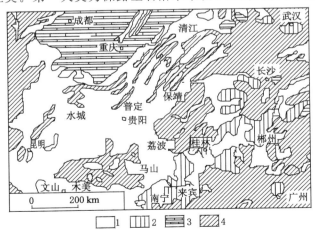

图 2-1　中国南方岩溶及其主要类型分布图

1——裸露型岩溶；2——覆盖型岩溶；3——埋藏型岩溶；4——非可溶岩

水系统和浅层岩溶水系统;第二大类为覆盖-埋藏型岩溶水系统,可分为两个亚类:覆盖型浅层岩溶水系统和埋藏型深层岩溶水系统。裴建国等[125]按照岩溶水出露条件将西南岩溶水系统划分为四大类,在 3 620 个岩溶水系统中,包括地下河系统 1 179 个和集中排泄带岩溶水系统 562 个。按岩溶含水岩组的出露条件可划分为五种最常见的类型,在统计的 2 893 个岩溶水系统中,包括裸露型2 324 个。

由于岩溶地下水系统的组成和结构的复杂性,岩溶地下水系统的概念及分类目前还没有形成统一的认识,但从岩溶水系统分类的研究和地下河系的分布可知,西南岩溶地下河系统主要分布在碳酸盐岩裸露区、覆盖区及两者之间,岩溶埋藏区地下河系分布较少。另外,在岩溶地下水开发利用方面,浅层的岩溶地下河是地下河系统开发的重点,而浅层岩溶地下河一般为裸露型、裸露-覆盖型、覆盖型。结合岩溶地下河的分布及其开发利用的重点,裸露型、裸露-覆盖型、覆盖型地下河系应是地下河系研究的重点,其中又以裸露型为重点。

2.2.3　水文地质参数的各向异性和非均质性

在研究碳酸盐岩地区水循环问题和水资源开发利用时,岩溶介质的各向异性和空间分布的不均匀性是首先遇到的实际问题。岩溶含水介质复杂的空间变异性,使得岩溶水空间分布的规律性变得很难掌握。

何宇彬[126]阐述了在国内外研究较多的均匀厚层灰岩的水动力剖面模式,在垂向上从上到下依次是垂直入渗带、季节变动带、水平径流带、深部缓流带,在后两个带之间一般还会有一个过渡带,水平径流带是地下河所在的部位。均匀厚层灰岩的水动力剖面模式是西南水动力剖面模式中较典型的一种,有一定的代表性。西南地下河主要发育在二叠、三叠系地层中,该地层岩性分布除了均匀厚层灰岩之外还可能是灰岩与白云岩、碎屑岩间层、互层、夹层,在这样的沉积条件下,含水层的垂向水动力剖面可能会与均匀厚层灰岩的略有变化,比如,以碎屑岩为隔水底板的地下河系统就不包含深部缓流带及水平径流带与深部缓流带之间的过渡带。劳文科、邹胜章等[127,128]在研究湘西洛塔的表层岩溶带的水循环作用时,将含水层系统在垂向上分为表层强岩溶发育带(表层岩溶带)、中间弱岩溶发育带和下部强岩溶发育带(地下暗河系统)。

2.2.4　表层岩溶带

在垂直入渗带的上部,一般会发育表层岩溶带,表层岩溶带中裂隙、节理、漏斗、落水洞发育,它除了可以分布在包气带或包气带上部之外,有时还可以分布在季节变动带。不同的地貌部位,表层岩溶带发育程度也不同,峰丛山区的峰顶、垭口均是表层岩溶带发育较好的部位。岩石表面有土壤覆盖时,表层岩溶带发育的深度较大,薄层土下表层岩溶带的深度可达 20 多米,厚层土下则更大。

在贵州高原表层岩溶带的厚度一般在 2 m 左右,而在广西桂林岩溶区,厚度可达 10 m。

国内外岩溶学者通过实际观测资料对表层岩溶带的调蓄作用进行了分析[129-131],分析结果表明,表层岩溶带的调蓄功能主要与表层岩溶带结构、地表覆盖情况、降雨性质和岩层产状等有关。

2.2.5 地下河系统水动力特征

由于岩溶地下河系统水文地质参数的各向异性和非均质性,系统的水动力过程也与其他类型的含水系统有很大的不同,即存在补给过程二元性:集中式和渗入式;地下河水流运动的二元性:基质、裂隙流和管道流即快速流和慢速流共存;排泄方式的二元性:集中排泄和分散排泄。

2.2.5.1 降雨补给特征

受降雨影响明显的岩溶水类型主要是裸露型、覆盖型及介于两者之间的裸露-覆盖型。裸露峰林漏斗洼地组合类型和覆盖岩溶峰林洼地组合类型的降雨补给特征可以代表岩溶地下河系统的降雨补给特征。

裸露峰林漏斗洼地组合类型。该地貌类型内,基岩裸露,裂隙、节理发育,洼地内多漏斗、落水洞,特别是包气带上部发育有表层带,垂向的裂隙及节理上宽下窄,致使降落在地面的雨水,大部分是以分散形式向下"渗漏",成为分散式补给裂隙。当雨强超过裂隙下渗强度时,超渗部分的雨水沿着地表流动,形成坡面流,向洼地内漏斗、落水洞汇集,以"灌入"方式集中补给洞穴。所以,该岩溶地貌组合类型的径流补给,是以裂隙的分散"渗流"和漏斗、落水洞的集中"灌入"方式补给为主。

覆盖岩溶峰林洼地组合类型。该地貌类型内,落水洞、漏斗、洼地上均有厚度不等的土层覆盖。表层带顶部覆盖着土层,上下两层的下渗能力及持水能力不同。上层的土层为均匀的孔隙介质,持水容量大,下渗能力小;下层基岩持水容量小,下渗能力大,其下渗量受到上部土层的控制,形成土层与表层带间的界面。当雨水降落到地面,满足上部土层持水量后,所形成的径流补给量,以渗透方式做垂向水流。表层带内裂隙的渗流能力虽大,但上部供水不足,水流在裂隙中只能仍以渗透形式运动,分别形成快、慢速裂隙补给洞穴。所以,该岩溶地貌组合类型区的径流补给是以分散"渗透"及集中"灌入"方式补给为主的。

2.2.5.2 水流运动特征

在南方岩溶地下河地区,地下水流以管道流为主,管道流流动阻力小、流速大、导水性好。管道流的流态受流速、断面大小、断面形状、管道坡降等因素影响,在枯季,可能出现层流或者紊流,并且层流、紊流可能交互出现。在研究管道中水流流态时,应考虑多种因素对流态的影响,不能简单地将其概化为层流或者絮流。岩溶管道或地下河构成地下径流的主干,除了管道流之外,发育于白云岩、不纯的碳酸盐岩和碎屑岩中的岩溶孔隙、裂隙中的水流一般认为以层流为主,运动方式和孔隙介质渗流相似。管道和其周围的介质间一般存在有水量交换,枯季水位很快消退,裂隙和孔隙中的地下水不断地补给管道流,维持枯季地下河流量。

地下河排泄过程中遇到不透水岩层时,就转化为地表河径流;地表河径流遇到落水洞或渗漏带,又转化为地下径流,出现地下径流和地表径流转化的现象。此外,地下河的局部地下径流可具有承压性质,即岩溶径流中,有压流与无压流并存在相互转化。

2.2.5.3 流量、水位变化特征

碳酸盐岩的出露情况决定了降雨对其的补给特征,岩溶地下河系统一般分布在岩溶裸露区、半覆盖区、覆盖区,该区降雨的主要补给方式是渗入式、渗透式、渗漏式、注入式和地表水流入等。岩溶地下河系水动态一般属气象型,即流量、水位随季节的变化呈相应的周期性变化。由于年内降雨量的月间分配不均,在雨季,地下水的流量和水位呈现高峰,旱季则呈现最低水位和最枯流量。比如,在桂西、桂中等广泛发育峰丛洼的地区,其水位和流量动态为极不稳定型,有的地下河在枯期几乎断流。峰林谷地、孤峰平原一般为地下河系的径流-排泄区,地下水动态较峰丛洼地区稳定。

枯季岩溶地下河系的流量、水位衰减规律一般具有明显的分段特征,图 2-2 是湖南洛塔蚌蚌洞流量衰减方程示意图,图中表现出了明显的分段现象。在国内外的地下河枯季流量观测中都发现了分段特征,但该特征的研究并不深入,还存在很多问题有待于进一步深入研究。

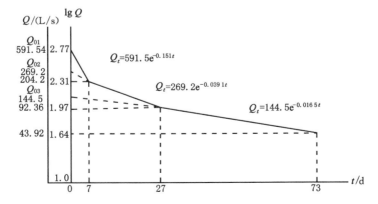

图 2-2 湖南洛塔蚌蚌洞流量衰减方程示意图(洛塔岩溶地质研究组,1984)

2.2.5.4　排泄方式

何宇彬[132]将国内岩溶水的排泄形式归纳为 5 种：河流浅切割排泄、河流深切割排泄、泉（群）排泄、泉与深部侧向排泄和远基准排泄。河流切割型一般在溪、沟、洼地和谷地边缘。泉排泄可能是由于在不同岩性界面，碎屑岩阻拦岩溶水出露，也可能是在断层带，断裂阻拦岩溶水出露。在地貌斜坡地带，岩溶水通过深部径流向更远处的低基准面适应，并在适当地貌部位呈泉溢出，这就是远基准排泄方式，远基准排泄对于地下河系统来讲，可归属于前 4 种排泄方式。结合广西的岩溶地下河系统、贵州普定后寨地下河系统、湖南洛塔岩溶地下河系统等岩溶地下河系统的排泄方式，可知，岩溶地下河系统本身可能具有前 4 种排泄方式。

在与周围空隙介质有密切水力联系的地下河系统中，单一出口排泄类型的地下河系统是其中典型的地下河系统之一，很多关于岩溶地下河枯季衰减分析的研究，都是针对这种类型地下河系统的。本书研究的岩溶地下河系统的排泄类型为单一出口排泄类型。

2.3　西南岩溶地下河系统水文地质概念模型

西南岩溶地下河系统主要发育在二叠、三叠系的厚层灰岩中，且以短小为主。从水资源开发利用的重点和地下河系的埋藏类型可知，裸露型、裸露-覆盖型、覆盖型地下河系统是研究的重点。本书将研究与周围空隙介质有密切水力联系、分布于饱和带中且具有单一出口排泄的地下河系统。首先建立该类型地下河系统的水文地质概念模型，水文地质概念模型包括含水层性质及水流运动特征、边界条件、水文地质参数、降雨和地表水补给特征几个方面。

2.3.1　含水层性质和水流运动特征

整个含水层包括上部的非饱和带和下部的饱和带。非饱和带从上到下依次是土壤层、表层岩溶带、非饱和裂隙带，含水介质为孔隙和裂隙，通过渗入补给下部饱和带水或者通过蒸发排泄下部饱和带水，非饱和带作为下部饱和带的源汇项处理。饱和带为孔隙-管道、裂隙-管道或孔隙-裂隙-管道潜水含水层。孔隙水运动符合线性达西公式，三维流动；裂隙水流符合立方定律，裂隙面内二维流动；管道水流可能是层流或者紊流，水头损失与流速的关系符合水力学中的有关公式，一维承压或无压流动。数学模型中仅考虑饱和带水流运动规律。

2.3.2　边界条件

地下河系统的边界条件可分为封闭边界条件和非封闭边界条件。封闭边界条件即隔水边界或零流量边界。非封闭边界指含水层存在侧向的补给或者排泄，侧向的补给或者排泄主要是由于隔水岩层或者隔水断层由于岩溶作用，存在一定的渗透性,引起地下水的侧向补排,在数值模型中处理为流量边界。地下河系发育的地区,一般地表河不发育,以地表河为地下河系边界的情况非常少,尤其在枯季,岩溶区地表河经常干涸,更不能形成地下河系的边界条件。可以看出,地下河系统的边界条件一般是流量边界,分为零流量边界和非零流量边界两种情况。边界条件除了平面上的边界条件之外,还包括垂向上的顶部、底部边界条件及内部边界条件,顶部处理为流量边界,底部可能存在隔水底板或者弱透水层,隔水底板为零流量边界条件,弱透水层处理为流量边界。

2.3.3　水文地质参数

关于西南岩溶区水文地质参数的研究很少,一方面是西南岩溶地区的水文地质工作相对较少,另一方面原因是通过现有的水文地质工作方法不容易获取有效的参数值。

为了认识岩溶地下河区的渗透系数,在贵州省普定县后寨河流域进行了抽水试验。在流域上游选取两个天窗(陈旗 2 号天窗、陈旗 4 号天窗)作为抽水井,分别采用稳定流和非稳定流进行抽水。另外在流域中游马官选取天窗(马官 3 号天窗)进行抽水试验。抽水试验结果如表 2-2 所列。

表 2-2　　　　　　中尺度抽水试验渗透系数计算结果表　　　　单位:m/d

抽水主孔	稳定流计算	非稳定流抽水	非稳定流恢复	观测井 1	观测井 2
陈旗 2 号天窗	445	55～154	41	231～453	无观测井
陈旗 4 号天窗	467～726	175～227	206	无观测井	无观测井
马官 3 号天窗	未达稳定状态	264～279	469	152～210	132～249

注:据鲁程鹏、束龙仓、董贵明等,2008。

该抽水试验的渗透系数计算值较大的原因是 3 个天窗都与地下河相连,得到的实际上是地下河和周围的介质(孔隙、裂隙)的综合渗透系数值,单独的孔隙、裂隙介质的渗透系数将远小于该试验计算值。

除了进行抽水试验之外,还进行了小尺度的注水试验,选择试验点共 17 处,其中钻孔注水试验 15 处,试坑 2 处。另外根据钻孔中是否揭露地下水面,将试样又分为饱和含水层 5 处,非饱和带 12 处。现场多次试验和不同计算方法共获得试验数据 38 个。钻孔深度自 80 cm 到 3 m 不等,钻孔孔径为 33～35 mm。所得结果见表 2-3。

表 2-3 中的渗透系数值整体比表 2-2 中的小得多,可见,岩溶地下河区的介质渗透性的尺度效应是非常明显的。

表 2-3　　　　　　小尺度注水试验渗透系数计算结果表　　　　单位:m/d

试验方法＼试点编号	青KO1	青KO2	青KO3	青KO4	青KO5	青KE1	青KE2	陈KO1	陈KO2
常水头注水		20.7	9.95						
变水头注水	$8.19\times10^{-5}\sim1.43\times10^{-4}$			$6.39\times10^{-5}\sim1.05\times10^{-4}$	$1.11\times10^{-4}\sim1.72\times10^{-4}$				
非饱和带试验						$22.8\sim32.5$	0.17	1.83×10^{-6}	$9.89\times10^{-6}\sim7.64\times10^{-3}$

试验方法＼试点编号	陈KO3	陈KO4	钻KO1	钻KO2	钻KO3	钻KO4	钻KO5	钻KO6
常水头注水						0.19		
非饱和带试验	9.15×10^{-6}	6.11×10^{-6}	6.67×10^{-7}	9.55×10^{-5}	$1.22\times10^{-3}\sim2.19\times10^{-3}$	3.35×10^{-3}	2.30×10^{-6}	8.36×10^{-7}

注:据鲁程鹏、束龙仓、董贵明等,2008。

文献[133]给出了国外 9 条地下河系统中的非地下河所在部位的渗透系数和岩石孔隙度值,如表 2-4 所列。渗透系数值从 4.50×10^{-13} 到 9.84×10^{-6} m/s,变化也是非常大的,孔隙度值从 0.02 到 0.3,变化相对较小。

表 2-4　　　　　　地下河系统渗透系数和岩石孔隙度表

含水层	渗透系数 K m/s	孔隙度 n ％	研究者及时间
密苏里州高原-波托西白云岩	4.50×10^{-13}	2.1	Kleeschulte,2003,personal communication,USGS,Rolla,MO
安大略湖-尼亚加拉统白云岩	1.00×10^{-10}	6.6	Worthington,Ford 和 Beddows(2000)
肯塔基州-吉纳维芙地层	2.00×10^{-11}	2.4	Worthington,Ford 和 Beddows(2000)
密苏里州高原-布恩石灰岩	1.00×10^{-11}	1.0	Van den Heuvel(1979)
密苏里州高原-伯林顿石灰岩	3.70×10^{-9}	11.5	Hoag(1957);Saint Ivany(1988)
爱德华兹含水层石灰岩	1.50×10^{-8}	14.4	Mace 和 Hovorka(2000)
英国白垩系地层	1.00×10^{-8}	30.0	Worthington,Ford 和 Beddows(2000)
佛罗里达含水层-石灰岩	8.54×10^{-6}	30.0	Budd 和 Vacher(2002)
佛罗里达含水层-白云岩	9.84×10^{-6}	30.0	Budd 和 Vacher(2002)

从野外现场试验结果(表 2-2,表 2-3)和国外的 9 条地下河系统的渗透系数和孔隙度值可以看出,对于西南地下河系统来说,非地下河所在部位,渗透系数一般小于 1 m/d,给水度最小值可能小于 0.02。

文献[134]对西南地下河系统的地下水位变化、水力坡度和流速进行了总结,如表 2-5 所列。

表 2-5　　　　　　　岩溶山地与溶盆、溶原的一些水文地质参数对比

水文地质参数	岩溶山地	溶原或溶盆
水位变化/m	30~100(桂西)	5~10(柳州)
		1~7(桂林)
		1~5(贵阳)
水力坡度	>0.06(广西,河池)	0.004~0.01(柳州)
	0.024~0.063(绿水河)	0.001~0.01(桂林)
	0.05~1.0(深切河谷区)	0.001~0.002(惠水)
地下水流速/(m/s)	0.39(川东沥鼻峡)	0.011(柳州)
	0.003~0.04(大巴山庙梁)	0.009 8(贵州遵义)
	0.14(黔南裂点以下)	0.002(黔南裂点以上)

2.3.4　衰减系数及含水介质比例

已有的含水层当中不同的含水介质的比例大多是根据衰减模型分析得到的,认为衰减中的管道衰减段、裂隙衰减段对应的贮存量即为介质的体积。我国研究比较多的湖南洛塔地下河流域和贵州后寨地下河流域统计了其中的地下河的衰减系数及各段贮存量比例,如表 2-6 和表 2-7 所列。

表 2-6　　　　　　　洛塔地区地下河(岩溶泉)流量衰减特征表[135]

项目 水点名称	年份	第一亚动态		第二亚动态		第三亚动态		第四亚动态	
		衰减系数/(1/d)	占贮存总量百分比/%	衰减系数/(1/d)	占贮存总量百分比/%	衰减系数/(1/d)	占贮存总量百分比/%	衰减系数/(1/d)	占贮存总量百分比/%
屋檐洞	1979	0.146	5.3	0.057 9	17.6	0.013 5	77.1		
蚌蚌洞	1979	0.151	8.3	0.039 1	12.2	0.016 3	79.5		
	1980	0.493	5.2	0.171	14.4	0.043 6	10.3	0.014 8	70.1
	1981	0.291	2.0	0.154	14.1	0.035 6	8.7	0.016 1	75.2

续表 2-6

项目 水点名称	年份	第一亚动态		第二亚动态		第三亚动态		第四亚动态	
		衰减系数 /(1/d)	占贮存总量百分比/%	衰减系数 /(1/d)	占贮存总量百分比/%	衰减系数 /(1/d)	占贮存总量百分比/%	衰减系数 /(1/d)	占贮存总量百分比/%
牛洞	1979	0.195	11.1	0.105	35.1	0.033 6	53.3		
	1980	0.379	23.3	0.094 9	22.4	0.018 7	54.3		
冒水洞	1979	0.174	9.5	0.055 7	17.4	0.012 4	73.1		
	1980	0.424	12.6	0.148	19.7	0.056 7	15.2	0.020 3	52.5
	1981	0.263	11.9	0.056 7	17.4	0.020 6	70.7		
双鼻孔	1979	0.151	6.9	0.033 3	24.7	0.006 63	68.4		
凉风洞	1979	0.325	33.0	0.078 9	56.7	0.027 6	10.3		
	1980	0.320	31.7	0.141	39.5	0.040 5	28.8		
车水阿毛	1979	0.523	25.1	0.086 6	32.8	0.009 35	42.1		
天锅潭	1979	0.099	31.4	0.057	33.4	0.005 8	35.2		
烈士龙洞	1979	0.111	14.8	0.024 1	16.5	0.006 66	68.7		
烈士大洞	1979	0.124	18.7	0.027 1	21.8	0.011 1	59.5		
	1980	0.134	31.5	0.020 6	68.5				
亚大沟	1979	0.105	82.6	0.024 4	17.4				
	1980	0.372	52.1	0.034 8	47.9				
冬鸡	1981	1.375	4.3	0.047 2	32.3	0.024 1	63.4		

表 2-7　　　贵州省普定南部部分地下河流量衰减特征表[136]

项目 水点名称	年份	第一亚动态		第二亚动态		第三亚动态	
		衰减系数 /(1/d)	占贮存总量百分比/%	衰减系数 /(1/d)	占贮存总量百分比/%	衰减系数 /(1/d)	占贮存总量百分比/%
洪家地坝	1982		4.18	0.031 98	11.83	0.003 45	84.00
头洞	1982		5.00	0.022 27	2.76	0.006 63	92.24
龙潭口	1982		2.54	0.014 40	1.60	0.002 57	95.86
水玻璃	1982		5.30	0.028 26	23.81	0.002 39	72.89
陇嘎	1982		1.96	0.003 89	98.04		
朱官-陇黑	1982		7.50	0.004 02	94.50		
犀牛潭	1982		3.50	0.013 84	27.62	0.003 47	68.88

从表 2-6 和表 2-7 可以看出,第一亚动态的衰减系数一般在 $10^{-2} \sim 1$ 1/d 之间,衰减系数最大,含水介质体积占总含水体积的比例一般较小;第二亚动态的衰减系数一般在 $10^{-3} \sim 10^{-1}$ 1/d 之间,较第一亚动态小,含水介质体积占总含水体积的比例较大;第三亚动态的衰减系数最小,含水介质体积占总含水体积的比例一般最大。

2.3.5 源汇项

在峰丛洼地区,枯季地下水埋藏较深,地下水一般很难蒸发;峰林平原、峰林谷地区,地下水埋藏较浅,枯季地下水蒸发不能忽略,应考虑地下水的蒸发损失。

一般认为地下河系统的产流机制以蓄满产流为主,在峰丛洼地区地下水位较低,包气带蓄水容量较雨季更大,再加上枯季降雨较少,或者基本无降雨,因此,一般不产流或者产生少量地下径流,故枯季降雨对地下水的渗透补给可以忽略,但降雨通过落水洞和天窗等对地下河的直接补给不能忽略;峰林平原、峰林谷地区,地下水埋藏较浅,包气带蓄水容量较裸露的峰丛洼地小,降雨对地下水的补给量相对较大,应考虑降雨对地下水的补给作用。蒸发、降雨等的影响应结合地貌类型、土壤植被覆盖情况进行分析。

实际的地下河系统一般会有不同的取水工程,比如通过落水洞、天窗的地下水直接开采。

综上所述,本书研究的岩溶地下河系统的水文地质概念模型如图 2-3 所示。

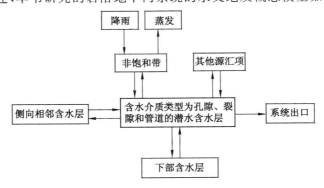

图 2-3　地下河系统水文地质概念模型图

2.4　西南岩溶地下河系统水流运动方程

由水文地质概念模型可知,岩溶地下河系统为孔隙-管道、裂隙-管道或者孔隙-裂隙-管道潜水含水系统,是比较复杂的地下水流模型。下面针对水文地质概念模型说明数学模型和数值模型主要部件的具体建立和实现方法。

2.4.1　孔隙水运动方程

孔隙水流运动符合达西公式,可根据水流连续性原理和达西公式建立三维潜水运动方程:

$$\frac{\partial}{\partial x}\left(K_x h\frac{\partial H}{\partial x}\right)+\frac{\partial}{\partial y}\left(K_y h\frac{\partial H}{\partial y}\right)+\frac{\partial}{\partial z}\left(K_z h\frac{\partial H}{\partial z}\right)+W=\mu\frac{\partial H}{\partial t} \tag{2-1}$$

式中,K_x、K_y、K_z 分别为 x、y、z 方向上的渗透系数;H 为水头,$H=H(x,y,z,t)$;h 为含水层厚度,$h=h(x,y,z,t)$;W 为源汇项;μ 为给水度。式(2-1)为非线性偏微分方程。

2.4.2　裂隙水运动方程

一些裂隙模型认为水流在整个裂隙面内流动,将裂隙面当作平行板模型,其裂隙具有均匀等效的导水性。另一些则认为水流在裂隙面内以沟、槽或管道流的形式流动。本书认为水流在整个裂隙面内沿平面做二维层流流动。

对于光滑、等宽度裂隙中的层流运动,根据纳维-斯托克斯方程在简化条件下可得到裂隙内平均流速的理论解:

$$V_f=\frac{g\delta^2}{12\nu_\omega}J=K_f J \tag{2-2}$$

式中,V_f 为水流平均速度;g 为重力加速度;δ 为裂隙的宽度;ν_ω 为水的运动黏滞系数;K_f 为裂隙渗透系数;J 为水力坡度。式(2-2)即为立方定律,在形式上同孔隙水流的线性达西定律是一致的,根据水流连续性原理和式(2-2)可得到泛定方程:

$$\frac{\partial}{\partial x}\left(K_f\frac{\partial H}{\partial x}\right)+\frac{\partial}{\partial y}\left(K_f\frac{\partial H}{\partial y}\right)+W=\mu\frac{\partial H}{\partial t} \tag{2-3}$$

2.4.3　管道水流运动和连续性方程

孔隙、裂隙水与地下河之间的相互作用不同于地下水与地表河流之间的相互作用。在地下水与河流的相互作用中,一般并不因地下水的流入而明显地改变河流的水位,并且河流基本上一直呈粗糙紊流状态。孔隙、裂隙水流入地下河则不同,地下河成了周围介质水流的主要排泄通道,地下河的流态和压力分布将影响地下水位,地下河内将包含层流和紊流,周围介质的补给特征也将对地下河的流态和压力分布产生明显影响。由于地下河的上游端一般没有充足的水体为地下河补充水量,所以沿途的孔隙、裂隙水的补给成为地下河水量的唯一来源,地下河水流运动属于变质量管流运动。首先推导有侧向流入(流出)的管道水流数学模型,在推导过程中假设管道中水流运动为一维流动。图 2-4 是长度为 Δx 的侧向有流体流入的管道水流模型简图。

图 2-4 中,v_1、v_2 为管道两个断面的平均流速,p_1、p_2 为管道两个断面的压

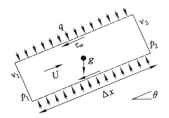

图 2-4　有侧向流入的管道流模型简图

强，A_1、A_2 为管道两个断面的过水断面面积，g 为重力加速度，τ_ω 为壁面剪切应力，q 为单位长度管道上水流入量，θ 为管道与其在水平面上投影的夹角，根据质量守恒原理，可得到 Δx 长度管道的连续性方程：

$$A_2 v_2 - A_1 v_1 - \Delta x q + \frac{\partial}{\partial t}(\overline{A}\Delta x) = 0 \tag{2-4}$$

式中，$\overline{A}$ 为 Δx 长度管道的平均过水断面面积。令 $\Delta x \rightarrow 0$，则式(2-4)变成管道流连续性微分方程：

$$\frac{\partial A}{\partial t} + \frac{\partial (Av)}{\partial x} = q \tag{2-5}$$

根据动量定理，可得到 Δx 长度管道流体的运动方程：

$$(p_2 A_2 - p_1 A_1) - \rho g \overline{A} \Delta x \sin\theta - \tau_\omega S \Delta x = \rho A_2 v_2^2 - \rho A_1 v_1^2 + \frac{\partial}{\partial t}\rho(\overline{A}\,\overline{v}\Delta x) \tag{2-6}$$

式中，ρ 为水的密度；S 为管道湿周；$\overline{v}$ 为 Δx 长度管道 t 时刻平均流速。令 $\Delta x \rightarrow 0$，则式(2-6)变成管道流运动微分方程：

$$A\frac{\partial p}{\partial x} - \rho g A \sin\theta - \tau_\omega S = \rho A \frac{\partial v^2}{\partial x} + \rho A \frac{\partial v}{\partial t} \tag{2-7}$$

对于圆管满流，τ_ω 根据均匀流基本方程和达西-魏斯巴赫方程可得[137]：

$$\tau_\omega = \rho \lambda d \frac{v^2}{8} \tag{2-8}$$

式中，λ 为管壁摩擦系数；d 为管道直径。对于无压粗糙紊流，τ_ω 根据均匀流基本方程和谢才公式可得：

$$\tau_\omega = \frac{\rho g v^2}{C^2} \tag{2-9}$$

式中，C 为谢才系数。

式(2-5)和式(2-7)即为有侧向流入(流出)的管道水流连续性方程和运动方程，该运动方程与明渠非恒定流圣维南方程组中运动方程的一个区别在于摩擦系数的表达式不同，在圣维南方程组中的河流认为是粗糙紊流状态，摩擦系数采用谢才公式确定,而地下河的流态还可能是层流,摩擦系数的表达式要根据流态确定;另外一个区别是式(2-7)中包含了夹角 θ,这说明该运动方程不需要假设河床底坡非常小,但圣维南方程组的运动方程中是要求底坡非常小的。

式(2-1)、式(2-2)、式(2-5)和式(2-7)组成了孔隙-裂隙-管道水流运动的基本方程,加上适当的初始条件、边界条件即可进行求解。由于地下河河底一般会有残留松散沉积物及顶板塌落块石,管壁表面参差不平,断面大小形状不断变化,实际地下河的管壁粗糙系数一般较大,如后寨地下河上游为 $0.07\sim0.08$,中游为 0.06,下游为 0.05[138],所以,可不考虑地下河的光滑紊流流态以及两个过渡区,仅考虑地下河的层流和粗糙紊流两种流态。对于粗糙紊流时的摩擦系数无论是有压流还是无压流都可以通过谢才公式计算得到。层流有压流时的摩擦系数可以使用当量直径计算,正方形、三角形、矩形等断面形状都有相应的修正系数;无压层流摩擦系数的研究是流体力学的基本问题之一,虽然很早就开始研究,但到目前为止,如侧壁影响、粗糙度影响等很多问题,还没有弄清楚。下面分析矩形断面无压层流时摩擦系数的确定问题。

2.4.4 矩形断面无压层流摩擦系数

当地下河通道没有被水流充满且为层流时,其水流特性与明渠一致。对于二元明渠使用均匀流方程和牛顿内摩擦定律可以得到断面平均流速的表达式:

$$v = \frac{gJ}{3\gamma}H^2 \tag{2-10}$$

式中,γ 为水的运动黏度;H 为水深。式(2-10)适用于河宽(B)比水深(H)大得多(即 $B \gg H$)的宽浅断面,这时总流的水力半径 $R = BH/(B+2H) \approx H/(1+2H/B) = H$,即水力半径近似等于水深。

根据达西-魏斯巴赫方程可以得到水头损失系数:

$$\lambda = \frac{24}{Re_H} \tag{2-11}$$

式中,$Re_H = vH/\gamma$。式(2-11)中并没有考虑侧壁对水头损失系数的影响。当明渠的宽深比较小时,很多学者讨论了侧壁对断面平均流速、阻力系数的影响。

何普夫(Hopf L,1910)得到矩形明渠的断面平均流速公式,由于两边侧壁的影响,断面平均流速减小了,他认为减小的数值与宽深比有关[139]。何普夫(1910)又用光滑壁面做了试验,证实了其公式的正确性。莱克士达(Эежда А Д,1934,1935)做了许多试验,认为当宽深比大于 6 时,可以不考虑侧壁的影响。潘松(Parson D A,1949)用水泥作为壁面,结果也与何普夫公式相符,又用沙和水泥混合做壁面,发现阻力系数比光壁时大一些。奥文(Owen W M,1954)和史特劳伯(Straub L G,1956)也通过试验分析了侧壁对断面平均流速、阻力系数的影响[140,141]。张长高（1993，1998）推导了矩形断面管恒定均匀层流的流速分布解析解，认为明渠中的均匀层流相当于矩形断面管中流速分布的下半部分，而没有直接建立明渠均匀层流的定解问题并求解[142,143]。

2.4.4.1　断面流速分布数学模型及求解

（1）数学模型

假定水流为二维恒定均匀层流，河流宽为 B，水深为 H，水流方向为 y，垂直水流方向并指向水面为 z 方向，另一个方向为 x 方向，如图 2-5 所示。

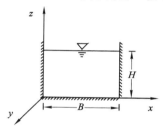

图 2-5　矩形明渠过水断面示意图

从水流中取一单元体，根据广义牛顿内摩擦定律，得到沿水流方向（y 方向）的切应力为：

$$\mu \mathrm{d}y\left[-\frac{\partial u}{\partial x}\mathrm{d}z+\left(\frac{\partial u}{\partial x}+\frac{\partial^2 u}{\partial x^2}\mathrm{d}x\right)\mathrm{d}z-\frac{\partial u}{\partial z}\mathrm{d}x+\left(\frac{\partial u}{\partial z}+\frac{\partial^2 u}{\partial z^2}\mathrm{d}z\right)\mathrm{d}x\right] \quad (2\text{-}12)$$

式中，μ 为水动力黏度；u 为流速，且 $u=u(x,z)$。根据力的平衡及能量守恒方程可得到泛定方程：

$$\frac{\partial^2 u}{\partial x^2}+\frac{\partial^2 u}{\partial z^2}=\frac{\rho g J}{\mu} \quad (2\text{-}13)$$

式中，不考虑自由面的空气摩擦力及表面张力，并假定壁面为无滑移条件，得到定解问题：

$$\begin{cases}\dfrac{\partial^2 u}{\partial x^2}+\dfrac{\partial^2 u}{\partial z^2}=\dfrac{\rho g J}{\mu}\\[2mm] u(0,z)=0\\[1mm] u(B,z)=0\\[1mm] u(x,0)=0\\[1mm] u_z(x,H)=0\end{cases} \quad (2\text{-}14)$$

式中，$u_z(x,H)=0$ 为水面处边界条件。在水面处水流方向上切应力为0，即：

$$\frac{\partial u}{\partial z}+\frac{\partial^2 u}{\partial z^2}\mathrm{d}z\bigg|_{z=H}=0 \quad (2\text{-}15)$$

当单元体取无限小时，$\mathrm{d}z\rightarrow 0$，所以，$u_z(x,H)=0$。二元明渠均匀层流的

断面流速分布公式也满足同样的水面处边界条件。

（2）模型求解

式（2-14）为二维线性常数非齐次项位势方程，齐次边界条件，该定解问题不能直接使用分离变量法求解，现使用固有函数法进行求解。设该非齐次定解问题对应的齐次定解问题为：

$$\begin{cases} \dfrac{\partial^2 v}{\partial x^2} + \dfrac{\partial^2 v}{\partial z^2} = 0 \\ v(0,z) = 0 \\ v(B,z) = 0 \\ v(x,0) = 0 \\ v_z(x,H) = 0 \end{cases} \tag{2-16}$$

令 $v(x,z) = X(x)Z(z)$，代入齐次定解问题式（2-16）的泛定方程可得：

$$\frac{X''(x)}{X(x)} = -\frac{Z'(z)}{Z(z)} \tag{2-17}$$

令 $\lambda = X''(x)/X(x)$，该式为二阶线性常系数齐次常微分方程，经求解可知当 $\lambda \leqslant 0$ 时，$X(x)$ 无解。当 $\lambda > 0$ 时，得到：

$$X_k(x) = \sin\left(\frac{k\pi x}{B}\right), k = 1,2,\cdots,\infty \tag{2-18}$$

令 $v(x,z) = \sum\limits_{k=1}^{\infty} \sin\left(\dfrac{k\pi x}{B}\right)Z_k(z)$，代入定解问题式（2-14）的非齐次泛定方程得到：

$$\sum_{k=1}^{\infty} \left\{ \sin\left(\frac{k\pi x}{B}\right)\left[Z'_k(z) - \frac{k^2\pi^2}{B^2}\right]Z_k(z) \right\} = \frac{\rho g J}{\mu} \tag{2-19}$$

对式（2-19）右端常数项进行奇延拓，并进行傅立叶展开可得：

$$\sum_{k=1}^{\infty} \frac{2\rho g J}{k\pi\mu}[1 - (-1)^k]\sin\left(\frac{k\pi x}{B}\right) = \frac{\rho g J}{\mu} \tag{2-20}$$

比较式（2-19）和式（2-20）可得到关于 $Z_k(z)$ 的方程：

$$Z'_k(z) - \frac{k^2\pi^2}{B^2}Z_k(z) = \frac{2\rho g J}{k\pi\mu}[1 - (-1)^k] \tag{2-21}$$

式（2-21）为二阶线性常系数非齐次常微分方程，根据高阶非齐次常微分方程通解求解定理可得：

$$Z_k(z) = C_1 e^{\frac{k\pi z}{B}} + C_2 e^{-\frac{k\pi z}{B}} - \frac{2\rho g J B^2}{k^3\pi^3\mu}[1 - (-1)^k] \tag{2-22}$$

式中，C_1、C_2 为常数。根据 $Z(0) = 0, Z_z(H) = 0$，并令：$c = e^{\frac{k\pi H}{B}}, d = \dfrac{2\rho g J B^2}{k^3\pi^3\mu}[1 - (-1)^k]$，可得：

$$Z_k(z) = -\frac{d}{-1-c^2}e^{\frac{\pi z}{B}} - \frac{c^2 d}{-1-c^2}e^{-\frac{\pi z}{B}} - d \tag{2-23}$$

由 $v(x,z) = \sum_{k=1}^{\infty} \sin\left(\frac{k\pi x}{B}\right)Z_k(z)$，可得：

$$v(x,z) = \sum_{k=1}^{\infty} d\sin\left(\frac{k\pi x}{B}\right)\left[\frac{1}{1+c^2}(e^{\frac{\pi z}{B}} + c^2 e^{-\frac{\pi z}{B}}) - 1\right] \tag{2-24}$$

式(2-24)即为矩形明渠二维恒定均匀层流断面流速分布解析表达式。代入式(2-14)，经验算满足泛定方程和定解条件。对流速 $u(x,z)$ 积分并在过水断面上求平均值，可得到断面平均流速。$v(x,z)$ 的积分仍为级数形式，为便于进行分析，可通过有限次计算取近似值。图 2-6 和图 2-7 是在水温 20 ℃、水深 1.5 m、河宽 11.5 m 和水力坡度为 9×10^{-11} 时经过明渠断面水流中心的 x（水平）方向和 z（垂直）方向流速分布图。在水平方向上流速从 0 增加到最大，变化速度先快后慢；在垂直方向上，流速近似按照抛物线方程增加。

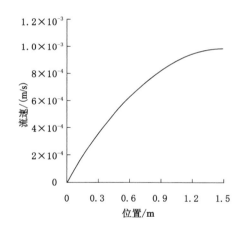

图 2-6　水平方向流速分布图

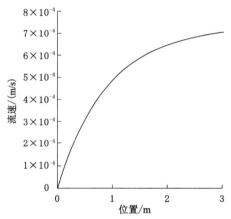

图 2-7　垂直方向流速分布图

2.4.4.2 断面平均流速

在层流条件下，使用不同的水力坡度、水深、河宽和水的物理指标值，通过大量的计算分析，当 $H/B \leqslant 1$ 和 $H/B > 1$ 时，可分别得到指数函数型和幂函数型两种不同的断面平均流速近似表达式。

当 $H/B \leqslant 1$ 时，断面平均流速 V 可表示为：

$$V = \frac{gH^2 J}{3\gamma}e^{\frac{mH}{B}} \tag{2-25}$$

式中，γ 为水的运动黏度。式(2-25)右端分式 $gH^2 J/(3\gamma)$ 为二元明渠层流的断

面平均流速 v，则断面平均流速 V 又可表示为：

$$V = v\mathrm{e}^{\frac{mH}{B}} \tag{2-26}$$

系数 m 总取负值，且 $|m| > 1$，具体取值仅与 H 和 B 值有关，但与 B/H 无关。由式（2-26）可知 $V < v$，这是侧壁对水流影响的结果。明渠的宽深比 B/H 增加时，V 逐渐接近 v，当 $B \gg H$，也就是 $B/H \to \infty$ 时，$V \to v$，这时可以完全忽略侧壁的影响。当 V 与 v 相差 5% 时，即 $(v-V)/v = 5\%$ 时，宽深比的取值与 H 等参数有关，一般要求宽深比大于 20。

当 $H/B > 1$ 时，断面平均流速 V 可表示为：

$$V = v\left[m'\left(\frac{H}{B}\right)^{n'} \right] \tag{2-27}$$

式中，系数 m' 总取正值，n' 总取负值，两系数具体取值仅与 H 和 B 值有关，与 B/H 无关，且总有 $V < v$。在这种情况下，二元明渠平均流速公式已经失去实际意义，流速已经由水深方向上变化为主，转变为河宽方向上变化为主，使用牛顿内摩擦定律和均匀流基本方程，同样可推导水深远远大于河宽时的矩形明渠断面平均流速公式，两种极限情况下的表达式相差仅仅是常数倍，此常数倍可以体现在 m' 中，所以，仍然可以建立 V 与二元明渠平均流速 v 的关系式。V 随着明渠的宽深比 B/H 增加而增加。

1910 年的何普夫公式中，当 $H/B \leqslant 1$ 时，计算值比式（2-25）或式（2-26）计算值偏大，这可能是由于该公式拟合时计算精度的问题，并且很可能是过水断面上剖分单元数较少导致，经计算，当剖分单元数小于一定个数时，$v(x,z)$ 的值是随着剖分单元数的增加而减小。何普夫公式不适用于 $H/B > 1$ 的情况，当 $H/B > 1$ 时按照何普夫公式计算会出现平均流速为负值的情况。

2.4.4.3 沿程阻力系数

当 $H/B \leqslant 1$ 时，根据式（2-26）和达西-魏斯巴赫方程可得沿程阻力系数的表达式：

$$\lambda = \frac{24}{Re_H}\varphi \tag{2-28}$$

式中，$Re_H = vH/\gamma$；$\varphi = \mathrm{e}^{\frac{|m|H}{B}}/(1+2H/B)$。令，$\lambda' = 24/Re_H$，可知，$\lambda'$ 即为二元明渠层流的沿程阻力系数，即忽略侧壁影响下的沿程阻力系数。式（2-28）又可表示为：

$$\frac{\lambda}{\lambda'} = \frac{\mathrm{e}^{\frac{|m|H}{B}}}{1+2H/B} \tag{2-29}$$

式（2-29）右端对 H/B 求导数，根据 m 的取值范围可得当 $H/B \leqslant 1$ 时其导数大于 0，也就是当 $H/B \in (0,1)$ 时，λ/λ' 为增函数，又知当 $H/B = 0$ 时，$\lambda =$

λ',所以,当 $H/B \leqslant 1$ 时,$\lambda \geqslant \lambda'$,即侧壁增加了沿程阻力系数。

当 $H/B > 1$ 时,根据式(2-27)和达西-魏斯巴赫方程可知沿程阻力系数与式(2-29)形式相同,但 φ 的表达式不同。相应的有:

$$\frac{\lambda}{\lambda'} = \frac{(H/B)^{|n'|}}{(1+2H/B)m'} \tag{2-30}$$

此时的沿程阻力系数已经由渠底影响为主转变为侧壁影响为主。

实际地下河系统管道形状有很多种,但其他断面形状层流时没有断面流速表达式,不能进行管道水流层流时的衰减分析,所以,本书将针对矩形管道断面进行计算分析。

2.5 UGRFLOW09 数值模型

2.5.1 空间离散方式

孔隙介质单元采用空间多面体剖分,地下河断面为矩形,采用一维剖分。地下河单元是独立于孔隙介质单元存在的,在地下河的横向上,当地下河位于含水层底部时,可在上、左、右 3 个方向上与孔隙单元发生水量交换,其他情况下,可以在上、下、左、右 4 个方向上与孔隙单元发生水量交换。和单个地下河单元有水量交换的孔隙单元的数目,除了与地下河的位置有关之外,还与孔隙介质被裂隙面切割的程度有关。

相对孔隙介质和地下河而言,裂隙的剖分要稍微复杂一些。裂隙面的点法式方程可表示为:

$$\sin \alpha \sin \beta(x - x_0) + \cos \alpha \sin \beta(y - y_0) + \cos \beta(z - z_0) = 0 \tag{2-31}$$

式中,x_0、y_0、z_0 为裂隙中点的空间坐标;α 为裂隙面倾向与 y 轴正向的夹角,该夹角为 y 轴正向顺时针转向倾向方向的角度,$\alpha \in [0°, 360°]$;β 为裂隙面倾角,$\beta \in [0°, 90°]$。坐标系以正东为 x 轴,以正北为 y 轴,图 2-8 显示了裂隙面的空间位置和方位的关系。式(2-31)表明,裂隙面的空间位置由裂隙中点坐标和产状确定。

裂隙面的生成需要裂隙面的组数,每一组中需要该组裂隙面的产状和几何信息,包括倾向、倾角、张开度和延伸长度的统计信息(分布类型、均值和方差),根据这些参数随机生成裂隙面。

裂隙剖分成两类单元,一类是面裂隙单元,另一类是线裂隙单元。面裂隙单元为多边形单元,是对裂隙面进行剖分后形成的;线裂隙单元是由两个裂隙面相交后形成的,如图 2-9 所示。线单元断面为矩形,矩形的两个边长分别为两个裂隙面的张开度。

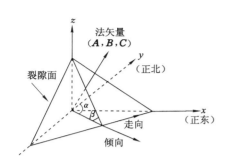
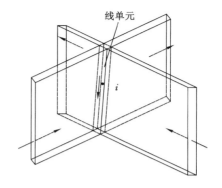

图 2-8　裂隙面的空间位置与方位的关系　　图 2-9　两个裂隙面形成的裂隙线单元图

2.5.2　水流运动方程离散形式

孔隙介质的数学模型采用全隐式有限差分法进行离散,对于孔隙单元 i,由式(2-1)可得单元 t 时段内的水量平衡方程:

$$\sum_{j=1}^{n} K_{ij} \frac{H_j^t - H_i^t}{L_{ij}} A_{ij} \Delta t + W = \mu(H_i^t - H_i^{t-1}) \qquad (2\text{-}32)$$

式中,H_j^t、H_i^t 分别为单元 j 和单元 i 在 t 时段末的水头;n 为与单元 i 相邻的所有活动孔隙单元数;K_{ij} 为第 j 个相邻的孔隙单元与单元 i 的调和渗透系数;L_{ij} 为两单元的渗透距离;A_{ij} 为两单元水量交换面的面积,采用调和平均计算;W 为 Δt 时间内的源汇项,包括降雨、蒸发、侧向补给排泄、与裂隙和管道的交换量等,其中的交换量也采用全隐式格式计算。

裂隙单元的离散形式与式(2-32)类似。线单元 i 的水量平衡区如图 2-10 所示,线单元与相邻的面裂隙单元和线裂隙单元均可有水量交换。两个线裂隙单元的水量交换的渗透系数采用两个面的渗透系数的调和平均值:

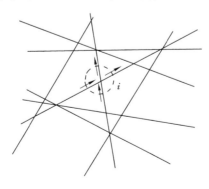

图 2-10　线单元水均衡示意图

$$\overline{K} = \frac{g}{6\gamma}\left(\frac{1}{e_1^2} + \frac{1}{e_2^2}\right)^{-1} \tag{2-33}$$

式中，$\overline{K}$ 为两个线裂隙单元水量交换时的渗透系数；e_1 和 e_2 为形成线单元的两个相交裂隙面的张开度。

管道单元运动方程和连续性方程均采用四点隐式差分格式离散，其中，加权因子 $\theta \in [0.5, 1]$。在离散过程中，要注意在压力状态、流态变化时离散方程的差别。

2.5.3　数值模型求解思路

多重介质水流数值计算有三种思路：一是分别建立每种介质的运动要素（水头和流速）方程，并求解，然后通过介质之间的交换量耦合各模型的结果，直到当前实际交换量与假定的交换量之间满足一定精度要求为止，这是一种迭代的方法；二是将每种介质的运动要素方程进行叠加，最后形成一个总的方程组，求解该方程组即可完成一个时段的计算，这是一种直接求解的方法；三是迭代和直接求解同时使用。程序最初使用了第一种方法，该方法对变量的编号有一定的要求，如果变量编号的顺序不合适，形成的线性方程组可能很难收敛。最终的程序中是采用迭代交换量的方法。

考虑了不同介质之间的渗透系数的差异，将一个孔隙水计算时段划分成了若干个裂隙水、管道水计算时段，即在一次交换量迭代过程中要完成一次孔隙水计算，完成多次裂隙水、管道水计算。每种介质的单独计算中主要采用了迭代法求解方程组，孔隙水、裂隙水采用全隐式有限差分格式，管道水采用四点隐式差分格式，介质之间的交换量（孔隙与裂隙之间、孔隙与管道之间和裂隙与管道之间）全部采用全隐式格式计算。

数值模型求解过程如图 2-11 所示。

2.5.4　孔隙水和裂隙水自由面问题

自由面是地下水数值模型中的一个重要问题，也是一个比较困难的问题。枯季地下河系统数值模型中的自由面问题主要有以下三个特点：地下水运动以向出口排泄为主，潜水面几乎处于一直下降的过程中，变化较大；地下河网所在位置相当于在含水层中布设了水平抽水井网，在长时间的排水过程中，相应位置处的潜水面必然较其他部位下降更快，这增加了潜水面的非均质性；含水层中主要的含水介质是孔隙和裂隙，而孔隙、裂隙本身渗透性及其分布的非均质性也增加了潜水面的非均匀性。这些特点要求合理地处理数值模型中的自由面问题。

自由面问题一般是基于有限单元法处理的，本书基于有限差分法，对干（湿）单元采用丢单元（恢复单元）的方法，网格剖分在整个计算过程中保持不变。

以 t 时段孔隙水自由面计算为例，说明自由面的处理步骤，设计算孔隙单元

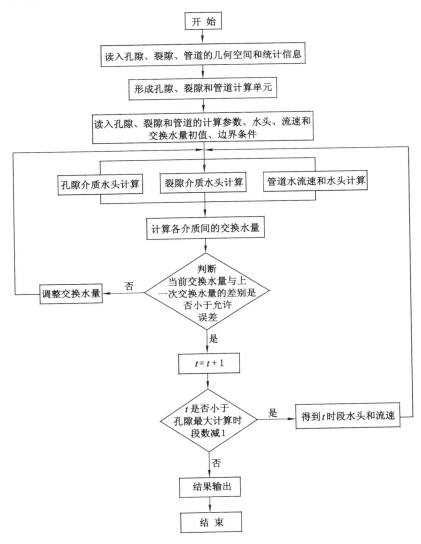

图 2-11　数值模型求解过程

总数为 N，t 时段初孔隙单元 i 的水头为 z_i，t 时段第 n 次迭代孔隙单元 i 的水头为 z_i^n，$n=1,2,3,\cdots$。

（1）以 t 时段初水头为初始迭代水头，进行第一次自由面迭代计算，第一次迭代后，孔隙单元 i 的水头为 z_i^1。

（2）比较孔隙单元 $i(i=1,2,3,\cdots,N)$ 的顶点坐标中垂直坐标的最大值和 z_i，判断 t 时段初孔隙单元 i 是否为自由面单元。找出 t 时段初的所有的自由面单元。

（3）对任意一个自由面单元,比较单元顶点坐标中垂直坐标的最大值和最小值与 z_i^1 的大小。如果 z_i^1 大于最大值,则该单元由自由面单元变为全湿单元,且自由面上升若干层,上升的层数由层厚度和 z_i^1 决定,变为湿单元的干单元的水头由 z_i 和 z_i^1 的线性插值确定;如果 z_i^1 小于最小值,则该自由面单元变为干单元,且自由面下降若干层,下降的层数由层厚度和 z_i^1 决定,变为干单元的湿单元的水头为 0。对当前的所有的自由面单元进行同样的操作。对于非自由面单元,使用公式 $z_i^1 = z_i + m(z_i^1 - z_i)$ 对当前迭代值进行修正,m 为修正系数,一般取 0.5～1。

（4）形成新的水头方程组,并以（3）中调整后的水头（自由面和非自由面）为初值,进行第二次自由面迭代计算。单元水量平衡中各项的计算要根据单元在时段初的状态和当前状态的不同分别进行计算。当某单元发生干湿变化时,其水量平衡计算时间将小于孔隙单元计算时段长。

按照步骤（1）～（4）循环进行,即可完成 t 时段孔隙水自由面计算。

裂隙水和孔隙水有同样的自由面问题,其自由面的计算与孔隙水的自由面计算类似。自由面的迭代次数与精度要求等有关,当两次水头迭代绝对误差小于 0.000 1 时,一般需迭代 5～8 次。

2.5.5 管道有压和无压转换问题

地下河系统与明渠水流的一个重要区别是位于含水层当中,这使得地下河水流可能处于无压或者有压状态。降雨时地下河迅速充水,压强水头快速增加,可使地下河水流由无压状态变成有压状态;地下河各部分的位置水头是不同的,其中位置水头相对较低的部分可能一直处于有压状态,而位置水头较高的部分可能一直处于无压状态;另外,由于地下河断面的高度是有限的,尽管某时段初地下河单元是无压的,在向时段末的迭代过程中,迭代压强水头可能会大于该单元的位置水头和断面高度的和,使单元出现有压状态。这些都表明在地下河水流计算过程中要处理无压水流和有压水流的转换问题。

以 t 时段管道单元的水流计算为例,说明有压水流和无压水流转换问题的处理步骤,设管道单元总数为 N,t 时段第 n 次迭代管道单元 i 的压强水头为 z_i^n,流速为 v_i^n,$n = 1, 2, 3, \cdots$。

（1）依次判断第 n 次迭代 N 个管道单元压强水头的压力状态,根据有压或者无压状态下的运动方程和连续性方程离散形式形成新的方程组并求解,经过计算,第 $n+1$ 次迭代管道单元 i 的压强水头变为 z_i^{n+1},流速变为 v_i^{n+1}。

（2）判断 $|z_i^n - z_i^{n+1}| \leqslant \varepsilon$,且 $|v_i^n - v_i^{n+1}| \leqslant \varepsilon$（$\varepsilon$ 为给定误差）（$i = 1, 2, 3, \cdots, N$）是否成立,如果成立,则结束当前时段计算。否则,进入步骤（3）。

（3）修正第 $n+1$ 次迭代管道单元 i（$i = 1, 2, 3, \cdots, N$）的压强水头和流速,

$z_i^{n+1} = z_i^n + m(z_i^{n+1} - z_i^n), v_i^{n+1} = v_i^n + m(v_i^{n+1} - v_i^n), m$ 为修正系数，一般可以取 $0.5 \sim 1$。

(4) 令 $n = n + 1$，转到步骤(1)。

按照步骤(1)～(4)循环进行，即可完成包含有压和无压转换的时段 t 的管道水流计算。这个计算过程对于明渠(始终处于无压状态)同样是适用的，不同的是地下河在时段 t 内的迭代过程中有压和无压状态下运动方程及连续性方程的离散形式是不同的，主要差别在过水断面面积中是否包含水深和壁面切应力的表达式，最后形成的线性方程组也是不同的。

2.5.6　管道层流和紊流转换问题

在地下河的上游端，一般没有充足的补给源，仅有来自于周围岩体的空隙、裂隙水补给量，该补给量相对较小，这使得上游段地下河流速缓慢，地下河水流很可能会处于层流状态，到中游和下游，周围岩体的补给总量不断增加，水流流速不断变大，地下河出现紊流。地下河的糙率较大，由尼古拉兹试验曲线和莫迪试验曲线可知，糙率越大，层流和粗糙紊流之间的三个流态区的雷诺数变化区间越小，并且紊流过渡粗糙区和粗糙紊流区的摩擦系数是相近的。由于以上原因，本书仅考虑地下河的层流和粗糙紊流两个流态区，且认为两个区的过渡是渐变的，以雷诺数 $Re = 500$ 为界。

不同流态下摩擦系数的表达式是不同的，流态转换问题的处理关键是在运动方程中使用相应流态下的摩擦系数表达式。已有的流态转换问题的处理一般是根据达西-魏斯巴赫方程和不同流态下的雷诺数与摩擦系数的表达式进行迭代，而这个迭代是在假定压强水头已知的情况下进行的，所以，还要在时段内进行压强水头的迭代，即共要进行两层迭代；另一方面，该计算仅考虑了管道的压强水头损失，没有考虑流速水头损失。

本书在数值模型中采用一种比较简单的方法，这种方法不需要单独地处理流态问题，而是和有压、无压转换同时进行，在每一步的迭代中，只需根据管道单元的当前流速和水深，判断单元的流态，并在摩擦项中使用相应流态下的摩擦系数表达式。这样，在管道时段 t 内只需一层迭代，即可同时处理压力转换和流态转换问题。数值试验表明，该方法是有效的。

2.5.7　时间尺度问题

在地下河系统中，孔隙介质的渗透系数一般小于 10^{-4} m/s；根据立方定律，常温条件下，当裂隙的张开度为 1 mm 时，其渗透系数已经接近 1 m/s；断面宽度为 1 m 的矩形管道层流常温下的渗透系数在 10^6 m/s 数量级上。孔隙、裂隙、管道的渗透系数有数量级上的差别，使得模型在求解中要考虑各介质计算时段的差别问题。孔隙介质和裂隙介质的渗透系数相差悬殊，其相应的计算时段也应不同,在模型中,将每一个孔隙计算时段划分为若干个裂隙计算时段,即孔隙单元完成一个时段的计算,裂隙介质要完成多个时段的计算。计算时段大小的不同,将产生孔隙介质和裂隙介质在交换量计算上的一对多现象,即一个孔隙水头对应多个裂隙水头,模型中,对孔隙时段初和时段末的两个水头值根据裂隙计算时段数进行线性插值,分别计算每一个裂隙时段的交换量,并将这些交换量的和作为孔隙时段内的孔隙单元与裂隙单元的交换量。

同样,将每一个孔隙时段划分为若干个管道计算时段,孔隙与管道的交换量和孔隙与裂隙的交换量的计算方式相同。在一个孔隙计算时段内,将分别有多个裂隙和管道计算时段,裂隙和管道之间的交换量计算也采用水头线性插值的方法,如果裂隙和管道的计算时段长相同,则直接利用各时段末的水头值进行交换量计算。

2.5.8 方程组的求解

线性方程组的求解方法采用了超松弛迭代和高斯列主元素消去法两种方法,主要使用超松弛迭代方法。孔隙、裂隙、管道介质相应的线性方程组都是高度稀疏的,在采用压缩存储之后,超松弛迭代的求解效果和效率都是满意的。对于管道运动方程来说,离散后得到的是非线性方程组,本书提出了一种新的非线性方程组求解方法用于该非线性方程组的求解。

设非线性方程组在点 x 处的函数值为 $f(x)$,对 $f(x)$ 在第 k 次迭代点 x^k 处进行一阶泰勒展开 $f(x^k)$,并用 $(x^{k+1} - x^k)$ 代替 Δx^k,得到:

$$f(x^k) + f'(x^k)(x^{k+1} - x^k) = 0 \qquad (2\text{-}34)$$

式(2-34)是非线性方程组求解方法中的牛顿法(连续型和离散型)的基础,对 $f'(x^k)$ 处理方式的不同产生了不同的非线性方程组求解方法:连续型的牛顿法是将 $f'(x^k)$ 除到等式的右端,这时需要求解 $f'(x^k)$ 的逆矩阵,计算量大,求逆矩阵实际上是在使用直接法对线性方程组进行求解;离散型的牛顿法是采用差商代替偏导数 $f'(x^k)$,再对得到的线性方程组采用不同的方法进行求解。本书中直接计算 $f'(x^k)$,并作为 x^{k+1} 的系数矩阵,而不是将其除到右端,这样,式(2-34)就变成了线性方程组:

$$f'(x^k)x^{k+1} = -f(x^k) + f'(x^k)x^k \qquad (2\text{-}35)$$

参考下山法的思想,对式(2-35)右端项中的 $-f(x)$ 进行修正,得到式(2-36):

$$f'(x^k)x^{k+1} = -\lambda f(x^k) + f'(x^k)x^k \qquad (2\text{-}36)$$

式(2-36)中 λ 为下山因子,一般先从 $\lambda = 1$ 开始,反复减半 λ 采用超松弛迭代法求解计算 x^{k+1},直到满足:$|f(x^{k+1})| < |f(x^k)|$,如果找不到 λ,则需另选 x^k 重新计算。

其实可以对式(2-35)的整个右端进行修正,即:

$$f'(x^k)x^{k+1} = -\lambda[f(x^k) + f'(x^k)x^k] \tag{2-37}$$

程序中,并没有检验式(2-37)是否有效。

该非线性方程组的求解方法首先要得到 $f'(x^k)$,这需要对离散运动方程和连续性进行求导。每一个迭代点的求取,都要使用超松弛迭代求解线性方程组,并且可能要多次求解,计算发现,一般修正 2~3 次即可满足要求。上述非线性方程组的求解方法同样适用于线性方程组的求解,在孔隙水流运动方程组的求解中,该方法也得到了较好的效果。

2.5.9 有侧向流入(流出)时的管道摩擦系数

陈崇希等[112,144]提出使用等效渗透系数方法进行渗流-管流的耦合计算方法,是目前进行渗流-管流计算的主要方法,在国内外得到了较广泛的应用[145-150]。等效渗透系数法是通过达西-魏斯巴赫方程将渗流和管道流使用统一的孔隙介质渗流方程进行描述并求数值解的一种方法。达西-魏斯巴赫方程适用于侧壁无流入(流出)量或者流入(流出)量占河流流量的比例较小的明渠水流或管流。在地下河中,管道作为系统主要的排泄部位,不断有流体流入(流出),周围介质与管道之间的交换量比明渠更加明显,此时应考虑流体流入(流出)时产生的混合水头损失对摩擦系数的影响,陈崇希等在计算中并未考虑这种影响。

最近几年,石油开采工程研究者已经注意到了管道内流体运动的水头损失除了常规的沿程损失和加速损失之外,还有流入(流出)管道的流体与管道内流体在混合时候产生的混合水头损失,并进行了试验和数值模拟研究[151-153],但缺乏对不同的修正方法的对比分析。对于混合水头损失问题,研究者认为应该在常规管流摩擦系数的基础上进行修正,主要采用修正系数和修正公式两种方法[154,155]:修正系数主要分为小于 1 的修正系数和大于 1 的修正系数;修正公式方法是在一定试验条件下得出的经验公式。摩擦系数进行修正后,就可以不考虑混合水头损失的影响了。

以稳定渗透和管流耦合模型来研究侧向流入情况下不同摩擦系数修正方法的差别。

2.5.9.1 概念模型、数学模型及参数

计算的概念模型如图 2-12 所示。模型为立方体含水层,L、W、b 分别为模型的长、宽、高,圆形管道水平放置,置于孔隙含水层中。孔隙水流入管道中,孔隙水流三维承压运动。管道流一维承压运动,流态为层流、光滑紊流、粗糙紊流和层流-光滑紊流,长度与含水层长度相同。孔隙介质均质、各向同性,含水层顶部为定水头边界,其他部位除管道上、下游端外均为隔水边界。管道上、下游端均为定流速边界。

相应的数学模型如式(2-38)所示:

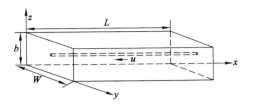

图 2-12 概念模型图

$$\begin{cases} \dfrac{\partial}{\partial x}\left(K_x\,\dfrac{\partial H}{\partial x}\right) + \dfrac{\partial}{\partial y}\left(K_y\,\dfrac{\partial H}{\partial y}\right) + \dfrac{\partial}{\partial z}\left(K_z\,\dfrac{\partial H}{\partial z}\right) + W = \mu_s\,\dfrac{\partial H}{\partial t} \\[2mm] A\,\dfrac{\partial P}{\partial x} - \tau_\omega S = \rho A\,\dfrac{\partial v^2}{\partial x} + \rho A\,\dfrac{\partial v}{\partial t} \\[2mm] A\,\dfrac{\partial v}{\partial x} = q \\[2mm] \tau_\omega = \rho\lambda\,\dfrac{v^2}{8} \end{cases} \tag{2-38}$$

式中，A 为过水断面面积；K_x，K_y，K_z 为 x，y，z 方向上的渗透系数；S 为湿周；τ_ω 为壁面剪切力；q 为单位长度的水流入量；ρ 为水的密度；μ_s 为贮(释)水率。式 (2-38)中第二个方程的有限差分方程为：

$$P_2 - P_1 + \lambda\,\frac{\Delta x S \rho}{8A}\left(\frac{v_1 + v_2}{2}\right)^2 + \rho(v_2^2 - v_1^2) = 0 \tag{2-39}$$

计算参数如表 2-8 所列。管道的上、下游端流速及管道流态在计算中单独指定。孔隙介质采用任意多边形有限差分法，管道采用一维剖分，孔隙介质剖分单元数为 3 863 个，管道剖分单元数为 40 个。计算中，采用了两种摩擦系数的修正方法。一种是修正系数的方法，这种方法是对摩擦系数进行常数倍改变，从已有研究成果可以看出，修正系数有小于 1 和大于 1 两种情况[154,155]，以 0.3 代表小于 1 的修正系数，以 3 代表大于 1 的修正系数，当修正系数为 1 时，即是使用常规的管流摩擦系数公式进行计算，共使用这三种修正系数进行计算；另一种是经验修正公式的方法。主要针对管道的压强水头[$p/(\rho g)$]和流速变化情况进行分析。

表 2-8　　　　　　　　　　　　　　模型参数表

参数	取值	参数	取值
模型长度	400 cm	管道长度	400 cm
模型宽度	50 cm	管道直径	10 cm
模型高度	105 cm	管道当量粗糙度	0.6 cm
模型顶部水头	110 cm	管道糙率	0.015
孔隙介质渗透系数	4×10^3 cm/d	迭代精度	1×10^{-7}

2.5.9.2　层流

设定管道上游端流速为 0,下游端流速为 2 cm/s,此时,根据雷诺数值可知管道水流为层流状态。常规管流层流时,摩擦系数计算公式为:

$$\lambda = \frac{64}{Re} \tag{2-40}$$

式中,Re 为雷诺数。令 $a = \lambda'/\lambda$,称 a 为摩擦系数的修正系数,λ' 为修正后的摩擦系数。另外,在层流时也常用到 Ouyang Liang-Biao 提出的摩擦系数经验修正公式[156,157]:

$$\lambda' = \lambda(1 + 0.043\ 04\ Re_{\text{w}}^{0.614\ 2}) \tag{2-41}$$

式中,Re_{w} 为管壁雷诺数[23]:

$$Re_{\text{w}} = \frac{[(U_2 - U_1)/2]d}{\gamma} \tag{2-42}$$

式中,γ 为水运动黏度。管壁雷诺数是参考管流的雷诺数进行定义的。图 2-13(a) 和(b)是当修正系数取 0.3、1、3 及采用式(2-41)(复杂修正)进行修正后的管道从上游到下游每个单元的压强水头和流速变化情况。可以看出,每一种修正方法下的压强水头下降值都很小,这主要是层流水流流速很小,管壁摩擦产生的沿程水头损失小的原因。不同修正方法的压强水头、流速变化过程都很接近,尤其是流速增加过程都为一条直线,几乎相同,即层流时不同摩擦系数修正方法对压强水头和流速影响都很小。不同修正系数下的压强水头在上游端附近下降较慢,在下游端附近下降相对较快,流速呈直线增加,同一个孔隙介质单元的水头在不同修正方法下差别也很小。当修正系数取 1 时,压强、流速变化特征与参考文献[158]和[159]中的计算结果是一致的,文献[158]和[159]是采用等效渗透系数法计算的。

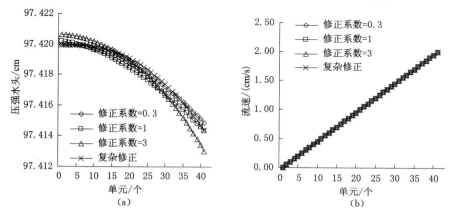

图 2-13

(a) 层流压强水头变化;(b) 层流流速变化

2.5.9.3 光滑紊流

设定管道上游端流速为 50 cm/s,下游端流速为 60 cm/s,此时,根据雷诺数值可知管道为光滑紊流状态。光滑紊流时常规管流摩擦系数主要采用布拉休斯公式:

$$\lambda = \frac{0.316\ 4}{Re^{0.25}} \tag{2-43}$$

目前,还没有针对布拉休斯公式的摩擦系数修正公式。计算中,摩擦系数的修正系数分别取 0.3、1、3,管道从上游到下游每个单元的压强水头和流速变化情况如图 2-14(a)和(b)所示。

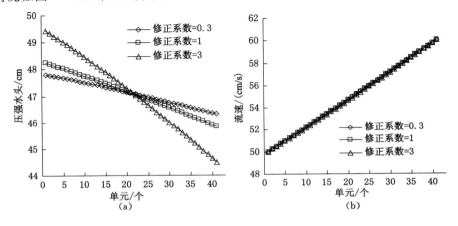

图 2-14

(a) 光滑紊流压强水头变化;(b) 光滑紊流流速变化

与层流对比,每一种修正系数下的压强水头的下降值都增大了,这主要是光滑紊流时管道流速的增加,引起管壁摩擦产生的沿程水头损失的增加。并且修正系数越大,下降值越大。不同修正系数的压强水头下降过程的差别也增加了,修正系数越大,下降越快,但流速增加过程仍然都近似为直线。即不同的修正系数对压强水头的影响较层流时增加了,但对流速的影响与层流时基本一致。同一个孔隙介质单元的水头在不同修正方法下的差别大于层流时的差别,但仍然较小。

2.5.9.4 粗糙紊流

设定管道上游端流速为 90 cm/s,下游端流速为 95 cm/s,此时,根据雷诺数值可知管道为粗糙紊流状态。常规管流粗糙紊流时的摩擦系数一般采用卡门公式:

$$\frac{1}{\sqrt{\lambda}} = -2\lg\frac{\Delta}{3.7d} \qquad (2\text{-}44)$$

在对摩擦系数的修正中也常用到 Ouyang Liang-Biao 提出的摩擦系数经验修正公式[156,157]:

$$\lambda' = \lambda(1 - 0.015\,3\,Re_w^{0.397\,8}) \qquad (2\text{-}45)$$

计算中,摩擦系数的修正系数分别取 0.3、1、3 及采用式(2-45)(复杂修正)进行修正后,管道从上游到下游每个单元的压强水头和流速变化情况如图 2-15(a)和(b)所示。与层流、光滑紊流相比,压强水头的下降值明显增加了,原因是粗糙紊流时管道流速的进一步增加,引起管壁摩擦产生的沿程水头损失的进一步增加,并且修正系数越大,下降值越大,下降的过程也越快。不同修正系数流速变化过程也有了差别,但其中的修正系数为 1 与采用式(2-45)(复杂修正)修正的压强水头、流速变化都基本一致,这是由于孔隙水流入整个管道中的速度只有 0.05 cm/s,对于管道的每一个单元来说平均只有 0.001 25 cm/s,根据式(2-41)和式(2-45),可知 λ' 非常接近 λ,即复杂修正后的 λ' 与修正系数为 1 时的 λ' 非常接近。同一个孔隙介质单元的水头在不同修正方法下的差别比层流、光滑紊流时增加了。

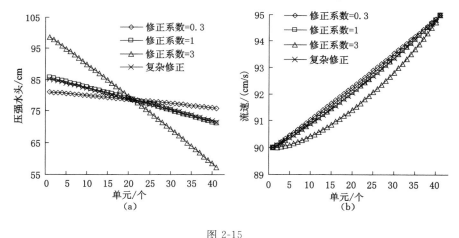

图 2-15

(a) 粗糙紊流压强水头变化(卡门公式);(b) 粗糙紊流流速变化(卡门公式)

管道粗糙紊流情况下,摩擦系数公式除了使用卡门公式外,还常使用谢才公式确定摩擦系数。基于谢才公式的摩擦系数经验修正公式还未见报道,所以,只计算了修正系数为 0.3、1、3 时管道单元压强水头和流速的变化情况,如图 2-16(a)和(b)所示。图 2-16(a)中管道上游端部单元的压强水头不同于图 2-15(a)中卡门公式的计算结果,是因为这两个公式在管道粗糙参数上取值不同造成的(表2-8)。两个公式计算出的压强水头和流速的整体变化特征类似。

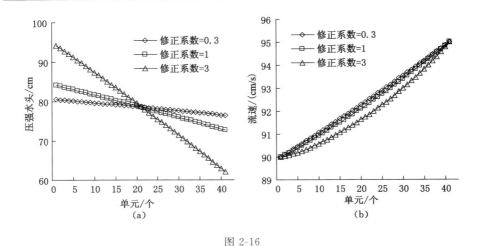

图 2-16

(a) 粗糙紊流压强水头变化(谢才公式);(b) 粗糙紊流流速变化(谢才公式)

由以上计算结果分析可知,管道内流态为层流时,采用修正系数的方法和 Ouyang Liang-Biao 提出的摩擦系数修正公式计算出的管道单元压强水头、流速差别都很小,当管道内流态为层流时,可以不对摩擦系数进行修正,即可以不考虑混合水头损失;当管道内流态为光滑紊流时,采用修正系数的方法计算出的管道单元压强水头、流速差别比层流时增加了,但仍较小;当管道内流态为粗糙紊流时,采用修正系数的方法和 Ouyang Liang-Biao 提出的摩擦系数修正公式计算出的管道单元压强水头、流速差别比层流、光滑紊流时都增加了,其中复杂修正方法和修正系数为 1 时的压强水头计算结果非常接近,修正系数为 0.3 和 3 的压强水头计算结果与前两种修正的结果差别较大,而修正系数为 0.3 和 3 实际上是使用了不同的管道粗糙参数,这些说明,在粗糙紊流条件下进行数值试验可以不考虑混合水头损失。

2.6 小结

(1) 总结了地下河的发育、分布、类型、水文地质特征和水动力特征。针对与周围空隙介质有密切水力联系、分布于饱和带中且具有单一出口排泄的地下河系统,建立了其水文地质概念模型。

(2) 在水文地质概念模型的基础上,推导出了地下河中变质量管流水流运动方程和连续性方程。基于广义牛顿内摩擦定律和水流能量方程,推导出了矩形无压管道二维恒定均匀层流条件下流速偏微分方程定解问题,使用固有函数法求得了解析解,建立了指数函数型和幂函数型断面平均流速近似表达式,重点分析了在宽深比大于 1 的条件下,断面平均流速和沿程阻力系数的相应变化情况,并与二元明渠恒定均匀层流进行了对比分析。

(3)建立了地下河系统水流运动数值模型,并阐述了数值模型的求解思路。在数值模型中,提出了水流运动模拟中的孔隙水与裂隙水自由面问题、管道流有压无压转换问题、管道流层流紊流转换问题和非线性方程组求解的新处理方法。在有侧向流入(流出)的管道水流运动方程和连续性方程的基础上,针对混合水头损失问题,通过渗流与管道水流耦合模型,分析了常用的摩擦系数修正方法对计算结果的影响。数值模拟计算表明:层流或者光滑紊流流态时,不同的摩擦系数修正方法对结果影响较小;粗糙紊流流态时,不同的摩擦系数修正方法对结果影响较大,但在进行数值试验时,仍可以不考虑混合水头损失问题。

3 衰减系数时变特性及衰减方程形式研究

3.1 概述

衰减方程包含了流量衰减过程的绝大部分信息,是衰减分析的重要内容之一,也是枯季通过衰减分析进行岩溶水资源评价的基础。国内外对流量衰减的研究已有一百多年历史,不同的研究者对不同的流域进行分析时,使用了各式各样的衰减方程,常用的衰减方程有数十种,但究竟是哪一种具有更广泛的适用性或者在何种条件下是何种方程至今仍没有一致的结论,尤其是在岩溶地下河地区,由于岩溶含水介质水文地质参数的各向异性和高度非均质性,使得该类型流域的衰减研究问题更加突出。除了衰减方程的形式没有一致的结论之外,衰减系数随时间的变化特征也缺乏研究,对衰减系数随时间的变化规律还不清楚。

本章通过数值模型和物理试验的方法研究理想条件下的岩溶地下河系统枯季流量衰减特征。首先分析衰减方程形式不能确定的主要原因,随后给出衰减系数的两种定义,并分析不同衰减方程对应的衰减系数的表达式及其随时间的变化规律;使用第2章建立的数值模型对孔隙-管道和孔隙-裂隙-管道两种类型地下河系统不同条件下的衰减系数时变特征及衰减方程形式进行分析;物理试验主要对裂隙-管道型地下河系统的衰减系数时变特征和衰减方程的形式进行分析。

在数值试验中,将考虑以下因素对衰减系数及衰减方程的影响:孔隙含水层参数的均质性和方向性;系统边界的形状;管道的层流和紊流;单管和管网条件;与外界是否有水量交换以及交换的方式和部位。

3.2 枯季流量衰减方程形式不统一的原因

在西南岩溶地下河系统中,衰减方程形式的研究没有一致结论的主要原因有三个方面:

（1）独立指数型衰减方程是建立在基于裘布依假设的布西涅斯克方程基础上的，是在特定条件下布西涅斯克方程的解；双曲线方程也是在特定条件下布西涅斯克方程的解；直线型找不到任何理论根据；叠加指数型方程是独立指数型方程的组合，也是特定条件下孔隙含水层流量衰减的解。上述解都是针对单一孔隙介质含水层的，由于岩溶含水介质的非均质性和各向异性，岩溶多重介质含水层流量衰减的理论解至今仍然是空白，这是衰减方程的形式不能统一的理论上的原因。

（2）衰减方程形式的研究基本上是在实际观测资料基础上进行曲线拟合得到的，在选用不同形式的方程进行曲线拟合时，可能会出现不同方程的拟合效果非常接近的情况，导致不容易选择出最终使用的模型。而实际地区的流量衰减数据受到多种因素的影响，比如非均质性、含水层的侧向补给和水流流态等，有时即使能比较容易地选择出最适合的模型，但由于条件的复杂性，往往又不能弄清楚选择最终模型的原因是什么。

（3）一般情况下，枯季降雨对衰减过程影响较小，但如果雨季提前来临，或者在衰减过程中出现了较明显的次降雨过程，都可能使衰减过程提前结束，进而使衰减曲线缺失某段，或者最后一个衰减段变短，更常见的情况是衰减过程的最后一段变短，而常用的单一指数型、双曲线型和直线型当衰减计算时间较短时，曲线的形状是很接近的，即出现不同衰减方程对衰减曲线最后一段拟合的效果区别不大的现象，最终会影响衰减方程形式的确定。

3.3　衰减系数的概念

水文学家和水文地质学家在流量衰减过程的影响因素以及衰减方程的研究中，一直没有给出衰减系数的定义。已有的衰减系数仅仅是从单一指数衰减方程中导出的，即称单一指数模型中指数项中的系数为衰减系数，这并不是衰减系数的定义，并且该系数为常数，不能进行衰减系数的时变特性等方面的分析。参考在油藏工程中石油产量衰减分析时使用的衰减系数的定义[160]，本书给出岩溶地下河系统或者其他类型流域出口流量衰减过程中衰减系数的两种定义，分别是瞬时衰减系数和名义衰减系数，这两种定义与石油产量衰减分析中的定义是相似的。

3.3.1　瞬时衰减系数

瞬时衰减系数是以瞬时流量变化为基础的，表达式为：

$$\alpha(t) = -\frac{\mathrm{d}Q_t}{\mathrm{d}t}\frac{1}{Q_t} \tag{3-1}$$

式中，$\alpha(t)$ 为瞬时衰减系数，单位为 $1/\mathrm{d}$、$1/\mathrm{min}$ 等，常用的为 $1/\mathrm{d}$；Q_t 为 t 时刻流

量。瞬时衰减系数的计算一般使用 Δt 和相应时间内的流量变化 ΔQ_t 代替相应的微分进行计算，见式(3-2)：

$$\alpha(t) = -\frac{Q_{t+\Delta t} - Q_t}{\Delta t}\frac{1}{Q_t} = -\frac{\Delta Q_t}{\Delta t}\frac{1}{Q_t} \qquad (3\text{-}2)$$

一方面由于地下河流量观测资料存在各种误差，另一方面由于地下河流量衰减过程中受降雨等的影响，所以如果流量数据仅在某一个时刻上取值，计算得到的 $\alpha(t)$ 还不能反映衰减系数的变化趋势，这时，可以分别在时刻 t 和时刻 $t + \Delta t$ 附近求 Q_t 和 $Q_{t+\Delta t}$ 的平均值，此时 $\alpha(t)$ 记为：

$$\alpha(t) = -\frac{\overline{Q_{t+\Delta t}} - \overline{Q_t}}{\Delta t}\frac{1}{\overline{Q_t}} \qquad (3\text{-}3)$$

式(3-3)中，$\alpha(t)$ 包含了 $\overline{Q_t}$ 和 $\overline{Q_{t+\Delta t}}$，严格来讲，已经不是瞬时衰减系数了，但这里不对式(3-3)中的 $\alpha(t)$ 重新命名，仍然称其为瞬时衰减系数，只需在使用的时候说明是使用式(3-1)、式(3-2)还是式(3-3)即可。

3.3.2 名义衰减系数

在衰减分析研究过程中，往往需要分析各种影响因素与衰减系数的关系，但瞬时衰减系数有明显的时变特性，不便于进行分析。对整个衰减曲线或衰减曲线某衰减段使用单一指数方程拟合时对应的瞬时衰减系数称为名义衰减系数，记为 α，该衰减系数为常数，在某个衰减时间段内是唯一的，是瞬时衰减系数的某种平均值，单位为 $1/d$、$1/min$ 等，常用的为 $1/d$。

不同的衰减系数反映的都是流量的相对变化速度，瞬时衰减系数反映的是瞬时流量相对变化速度，并用瞬时流量表示；名义衰减系数反映的是整个衰减过程内或者某一衰减段内流量的某种平均相对变化速度。

本章在分析衰减系数的时变特性时，将使用瞬时衰减系数 $\alpha(t)$，如无特殊说明，本章下面出现的衰减系数均指瞬时衰减系数。下一章在分析不同的因素对衰减系数的影响时，将使用名义衰减系数 α。

3.4 不同衰减方程的衰减系数表达式及其时变特征

常用的衰减方程包括指数型、叠加指数型、双曲线型和直线型等，不同的衰减方程对应的衰减系数 $\alpha(t)$ 的表达式及其时变特性是不同的。下面求解几种常用的衰减方程的衰减系数表达式，并通过对衰减系数求一阶、二阶导数的方法分析其时变特性。

3.4.1 单一指数方程

将式(1-2)的指数衰减方程 $Q(t) = Q(0)\mathrm{e}^{-\alpha t}$ 代入衰减系数的定义式(3-1)，

得到：

$$\alpha(t) = \alpha \qquad (3-4)$$

式(3-4)表明，单一指数衰减方程的衰减系数为常数，即不随时间变化而变化。另一方面，将式(3-4)代入式(3-1)，通过求解线性常微分方程的初值问题，也可以得到式(1-2)。

3.4.2　新叠加指数方程

在模拟地下河流量衰减过程时，传统的叠加指数方程式(1-9)中的 α_i 的确定是不合理的，α_i 并不是管道、裂隙介质本身的单一指数型方程中的衰减系数，而是管道、裂隙和孔隙或者裂隙和孔隙的混合衰减系数，这直接导致在衰减过程的转折点上，拟合曲线出现了跳跃。本书给出新叠加指数衰减方程，该方程在形式上与传统的叠加指数型方程式(1-9)完全相同，唯一不同的是使用了来自单一介质(管道、裂隙)的流量，并使用单一指数型进行拟合，进而获得 α_i，保证了拟合曲线的光滑，并能反映每一种介质本身的拟合情况。

以式(1-9)中 $n=2$ 且是孔隙-管道衰减系统来说明新叠加指数方程中 α 的确定方法，第一衰减段中包括 α_1 和 α_2，α_1 是管道流量衰减的单一指数型方程中的衰减系数，管道流量为总流量减去相应时刻的孔隙水向管道的补给量，但第一段中的孔隙水向管道的补给过程通过实测的流量衰减过程是很难直接获得的。另一方面，第一段的衰减时间相对较短，可以认为第一段中的孔隙水的 α_2 与第二段的 α_2 是相同的，即采用第二段衰减方程反向延伸的方法获得第一段中孔隙水向管道的补给过程。第二段的 α_2 直接使用单一指数方程获得。可以看出，对于岩溶地下河系统，叠加指数方程中可能包含 2、3 和 4 个名义衰减系数。如果无特殊说明，下面提到的叠加指数方程型均指新叠加指数方程。

将叠加指数型衰减方程 $Q(t) = \sum\limits_{i=1}^{n} Q(0)_i e^{-\alpha_i t}$ 代入衰减系数的定义式(3-1)，得到相应的衰减系数表达式：

$$\alpha(t) = \sum_{i=1}^{n} \frac{\alpha_i Q(0)_i e^{-\alpha_i t}}{Q(0)_i e^{-\alpha_i t}} \qquad (3-5)$$

对式(3-5)两端时间 t 求导：

$$\alpha'(t) = \frac{\left[\sum\limits_{i=1}^{n} \alpha_i Q(0)_i e^{-\alpha_i t}\right]^2 - \left[\sum\limits_{i=1}^{n} \alpha_i^2 Q(0)_i e^{-\alpha_i t}\right]\left[\sum\limits_{i=1}^{n} Q(0)_i e^{-\alpha_i t}\right]}{\left[\sum\limits_{i=1}^{n} Q(0)_i e^{-\alpha_i t}\right]^2} \qquad (3-6)$$

当 $n=1$ 时，式(3-5)即变为单一指数衰减方程的衰减系数，此时式(3-5)与式(3-4)一致，且式(3-6)中 $\alpha'(t)=0$。

当 $n=2$ 时，即由两个指数方程进行叠加，此时，式(3-5)和式(3-6)分别变为：

$$\alpha(t) = \frac{\alpha_1 Q(0)_1 e^{-\alpha_1 t} + \alpha_2 Q(0)_2 e^{-\alpha_2 t}}{Q(0)_1 e^{-\alpha_1 t} + Q(0)_2 e^{-\alpha_2 t}} \tag{3-7}$$

$$\alpha'(t) = \frac{-(\alpha_1 - \alpha_2)^2 Q(0)_1 Q(0)_2 e^{-(\alpha_1 + \alpha_2)t}}{[Q(0)_1 e^{-\alpha_1 t} + Q(0)_2 e^{-\alpha_2 t}]^2} \tag{3-8}$$

由式(3-8)可知，$\alpha'(t) < 0$，即衰减系数为单调递减函数，$\alpha(t)$ 随着衰减时间的增加而变小，具有时变特性。

式(3-8)两端对时间 t 求导：

$$\alpha''(t) = \frac{(\alpha_1 - \alpha_2)^3 Q(0)_1 Q(0)_2 e^{-(\alpha_1 + \alpha_2)t}[Q(0)_2 e^{-\alpha_2 t} - Q(0)_1 e^{-\alpha_1 t}]}{[Q(0)_1 e^{-\alpha_1 t} + Q(0)_2 e^{-\alpha_2 t}]^3} \tag{3-9}$$

$\alpha''(t)$ 的正负受 $Q(0)_2 e^{-\alpha_2 t}$ 和 $Q(0)_1 e^{-\alpha_1 t}$ 的大小影响，也就是说衰减系数曲线的凹凸性可能会发生变化，即在衰减过程中衰减系数的递减速率变化趋势可能会发生转折，衰减系数下降曲线可能存在一个拐点。一般情况下，在衰减过程中，$Q(0)_1 e^{-\alpha_1 t}$ 表示的水量的衰减要比 $Q(0)_2 e^{-\alpha_2 t}$ 表示的水量的衰减快很多，即尽管在开始衰减时 $Q(0)_1 e^{-\alpha_1 t}$ 大于 $Q(0)_2 e^{-\alpha_2 t}$，衰减系数的变化曲线是上凸的，但很快就会变成上凹的，上凸段是不明显的。

当 $n = 3$ 时，即由三个指数方程进行叠加，此时，式(3-5)和式(3-6)分别变为：

$$\alpha(t) = \frac{\alpha_1 Q(0)_1 e^{-\alpha_1 t} + \alpha_2 Q(0)_2 e^{-\alpha_2 t} + \alpha_3 Q(0)_3 e^{-\alpha_3 t}}{Q(0)_1 e^{-\alpha_1 t} + Q(0)_2 e^{-\alpha_2 t} + Q(0)_3 e^{-\alpha_3 t}} \tag{3-10}$$

$$\alpha'(t) = \frac{-(\alpha_1 - \alpha_2)^2 Q(0)_1 Q(0)_2 e^{-(\alpha_1 + \alpha_2)t} - (\alpha_1 - \alpha_3)^2 Q(0)_1 Q(0)_3 e^{-(\alpha_1 + \alpha_3)t} - (\alpha_2 - \alpha_3)^2 Q(0)_2 Q(0)_3 e^{-(\alpha_2 + \alpha_3)t}}{[Q(0)_1 e^{-\alpha_1 t} + Q(0)_2 e^{-\alpha_2 t} + Q(0)_3 e^{-\alpha_3 t}]^2}$$

$$\tag{3-11}$$

由式(3-11)可知，$\alpha'(t) < 0$，$\alpha(t)$ 为单调递减函数，衰减系数随着衰减时间的增加而变小，具有时变特性。

对式(3-11)两端时间 t 求导得到的表达式非常复杂，不容易判断其正负，但根据 $n = 2$ 时的二阶导数的性质，可以推测，当 $n = 3$ 时，$\alpha(t)$ 的变化曲线在某种情况下可能存在拐点，但曲线仍然明显以上凹为主。

当 $n = 4$ 时，即由四个指数方程进行叠加，此时，式(3-5)和式(3-6)分别变为：

$$\alpha(t) = \frac{\alpha_1 Q(0)_1 e^{-\alpha_1 t} + \alpha_2 Q(0)_2 e^{-\alpha_2 t} + \alpha_3 Q(0)_3 e^{-\alpha_3 t} + \alpha_4 Q(0)_4 e^{-\alpha_4 t}}{Q(0)_1 e^{-\alpha_1 t} + Q(0)_2 e^{-\alpha_2 t} + Q(0)_3 e^{-\alpha_3 t} + Q(0)_4 e^{-\alpha_4 t}} \tag{3-12}$$

$$\alpha'(t) = \frac{-(\alpha_1 - \alpha_2)^2 Q(0)_1 Q(0)_2 e^{-(\alpha_1 + \alpha_2)t} - (\alpha_1 - \alpha_3)^2 Q(0)_1 Q(0)_3 e^{-(\alpha_1 + \alpha_3)t} - (\alpha_2 - \alpha_3)^2 Q(0)_2 Q(0)_3 e^{-(\alpha_2 + \alpha_3)t}}{[Q(0)_1 e^{-\alpha_1 t} + Q(0)_2 e^{-\alpha_2 t} + Q(0)_3 e^{-\alpha_3 t} + Q(0)_4 e^{-\alpha_4 t}]^2} +$$

$$\frac{-(\alpha_1 - \alpha_4)^2 Q(0)_1 Q(0)_4 e^{-(\alpha_1 + \alpha_4)t} - (\alpha_2 - \alpha_4)^2 Q(0)_2 Q(0)_4 e^{-(\alpha_2 + \alpha_4)t} - (\alpha_3 - \alpha_4)^2 Q(0)_3 Q(0)_4 e^{-(\alpha_3 + \alpha_4)t}}{[Q(0)_1 e^{-\alpha_1 t} + Q(0)_2 e^{-\alpha_2 t} + Q(0)_3 e^{-\alpha_3 t} + Q(0)_4 e^{-\alpha_4 t}]^2} \tag{3-13}$$

由式(3-13)可知，$\alpha'(t) < 0$，$\alpha(t)$ 为单调递减函数，$\alpha(t)$ 随着衰减时间的增加而变小，具有时变特性。

对式(3-13)两端时间 t 求导得到的表达式也非常复杂，不容易判断其正负，但参考 $n = 2$ 的二阶导数的性质，同样可以推测，当 $n = 4$ 时，$\alpha(t)$ 的变化曲线在某种情况下可能存在拐点，但曲线仍然明显以上凹为主。

3.4.3 双曲线方程

将式(1-14)的双曲线方程 $Q(t) = Q(0)\left[1 + at\right]^{\theta}$ 代入衰减系数的定义式(3-1)，得到：

$$\alpha(t) = \frac{-a\theta}{1 + at} \tag{3-14}$$

式(3-14)中，$\theta < 0$，$a > 0$，$\alpha(t) > 0$。初始衰减系数 $\alpha(0) = -a\theta$，式(3-14)两端对时间 t 求导：

$$\alpha'(t) = \frac{a^2\theta}{(1 + at)^2} \tag{3-15}$$

$\alpha'(t) < 0$。由 $\alpha(t)$ 的双曲线函数形式或者 $\alpha'(t) < 0$ 可知，$\alpha(t)$ 为单调递减函数，衰减系数随着衰减时间的增加而变小，具有时变特性。$\alpha'(t)$ 仍然为双曲线形式，$|\alpha'(t)|$ 随着时间增加而变小，所以，$\alpha(t)$ 的递减速率随着时间的增加而逐渐变小，$\alpha(t)$ 变化曲线不存在拐点。

3.4.4 直线方程

直线衰减方程如式(3-16)所示：

$$Q(t) = at + Q(0) \tag{3-16}$$

式(3-16)中，$a < 0$，为常数。将式(3-16)代入衰减系数的定义式(3-1)，得到：

$$\alpha(t) = \frac{-a}{Q(0) + at} \tag{3-17}$$

式(3-17)两端对时间 t 求导：

$$\alpha'(t) = \frac{a^2}{\left[Q(0) + at\right]^2} \tag{3-18}$$

$\alpha'(t) > 0$，$\alpha(t)$ 为单调递增函数，衰减系数随着衰减时间的增加而增加，具有时变特性。$|\alpha'(t)|$ 随着时间增加而变大，所以，$\alpha(t)$ 的递减速率随着时间的增加而增加，$\alpha(t)$ 变化曲线不存在拐点。

3.4.5 混合方程

该方程由 Cheng(2008)提出，是基于线性时变流域蓄-泄关系和枯季水量平衡方程得到的。将混合方程式(1-20) $Q(t) = ct^{-a_0}e^{-a_1 t + a_2 \frac{1}{t}}$ 代入衰减系数的定义式(3-1)，得到：

$$\alpha(t) = \alpha_0 + \alpha_1 + \frac{\alpha_2}{t^2} \tag{3-19}$$

式(3-19)两端对时间 t 求导：

$$\alpha'(t) = -\frac{2\alpha_2}{t^3} \tag{3-20}$$

由式(3-20)可知，$\alpha(t)$ 的单调性与参数 α_2 的正负有关：当 $\alpha_2 > 0$ 时，$\alpha(t)$ 单调递减；$\alpha_2 < 0$ 时，$\alpha(t)$ 单调递增；$\alpha_2 = 0$ 时，衰减系数不具有时变特性。对式(3-20)求导，得到：

$$\alpha''(t) = \frac{6\alpha_2}{t^4} \tag{3-21}$$

式(3-21)表明，混合方程式(1-20)的衰减系数曲线不具有拐点，其凹凸性与 α_2 的正负有关。

3.4.6　广义数学模型 I

模型形式如式(3-22)所示：

$$Q(t) = at^b \mathrm{e}^{\left(-\frac{t^m}{c}\right)} \tag{3-22}$$

式中，a, b, c, m 为模型参数。模型形式与混合方程的形式相似。该模型是由李从瑞和陈元千在对广义翁氏模型、瑞利模型、威布尔模型和 t 模型总结的基础上提出的一个综合模型[161]，并应用于石油产量的衰减分析中。

式(3-22)两端对时间 t 求导：

$$\alpha'(t) = \frac{1}{t^2}\left[b + \frac{m(m-1)}{c}t^m\right] \tag{3-23}$$

$\alpha(t)$ 的单调性与参数 b, c, m 有关，可能单调递减或单调递增，对式(3-23)求导，得到：

$$\alpha''(t) = -\frac{2bc + m(m-1)(2-m)t^m}{ct^3} \tag{3-24}$$

式(3-24)表明，广义数学模型 I 可能存在拐点，其凹凸性与 b, c, m 有关。广义数学模型 I 还未见应用于流量的衰减分析中。

李从瑞和陈元千在提出广义数学模型 I 的同时，也提出了广义数学模型 II[161]，模型 II 含有累积产量项，这里不分析其相应的衰减系数的时变特性。

初始衰减系数、初始流量、衰减系数和流量对于单一指数方程和双曲线方程还可以有下边的关系：

$$\frac{\alpha(t)}{\alpha(0)} = \left[\frac{Q(t)}{Q(0)}\right]^n \tag{3-25}$$

式(3-25)与衰减系数的定义式(3-1)联合，可推得 n 取不同值时的衰减方程。当 $n = 0$ 时，表示指数方程；当 $n > 0$ 时，表示双曲线方程。

各衰减方程的瞬时衰减系数随时间变化特征如表 3-1 所列。

表 3-1　　　　　　　　　　瞬时衰减系数随时间变化特征

衰减方程类型	时变特性	单调性	拐点	变化速率
单一指数型	无	无	无	0
叠加指数型 $(n=2,3,4)$	有	递减	可能存在拐点,曲线明显以上凹为主	以由大变小为主,可能存在由小变大的部分
双曲线型	有	递减	无	由大变小
直线型	有	递增	无	由小变大
混合方程	仅与参数 α_2 取值有关			
广义数学模型 I	与模型参数 b,c,m 取值有关,与 a 无关			

单一指数方程具有 1 个参数,叠加指数方程可能具有 2、3 和 4 个参数,双曲线和直线方程均具有 2 个参数,混合方程和广义数学模型 I 均具有 4 个参数。单纯从曲线拟合的效果方面讲,拟合方程的参数越多,越可能得到更好的拟合效果。另外,后两个模型在某种特殊条件下,都可以表示成单一指数方程,即后两个模型的拟合效果不会比单一指数模型差。前 4 种模型是相对较常使用的,本书仅对比分析前 4 种模型的流量衰减曲线的拟合效果。对后两种模型仅分析其衰减系数的表达式及其时变特性,不通过数值试验和物理试验分析其流量衰减曲线的拟合效果。

3.5　孔隙-管道型地下河系统数值试验分析

3.5.1　均质各向同性孔隙-管道(紊流)系统

3.5.1.1　无补给(排泄)

（1）渗透系数不同时的衰减方程

计算的概念模型如图 3-1 所示。模型为立方体含水层,底部水平,L、W 和 B 分别为模型的长、宽和高,管道水平位于孔隙含水层底部中间。管道流一维粗糙紊流流动,长度略小于含水层长度,出口端与含水层边界一致,上游端在含水层内部靠近边界的部位,宽度和高度沿管道方向不变,出口为定水头边界。孔隙介质均质、各向同性,水流三维运动,含水层顶部为自由面边界,其他部位除管道出口外均为隔水边界。在管道上游末端单元设置一个落水洞。

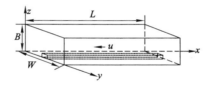

图 3-1　概念模型图

从计算开始的一定时间内保持雨强不变,然后停止降雨,分析流量衰减曲线,分别针对两个不同的渗透系数进行了计算,模型计算参数如表 3-2 所列。

表 3-2　　　　　　　　　　　　模型计算参数表

参数	取值	参数	取值
模型长度	1 000 m	管道流态	粗糙紊流
模型宽度	300 m	雨强	5.56×10^{-2} mm/s
含水层初始水位	29 m	降雨入渗系数	0.1
管道出口水深	0.3 m	落水洞汇水面积	50 m²
给水度	0.1	产水系数	0.5
管道宽和高	1 m	降雨历时	200 min
管道初始流速	0.2 m/s	孔隙介质渗透系数	0.5 m/d(模型 1)
管道糙率	0.04		0.1 m/d(模型 2)

孔隙含水层剖分 5 201 个单元,共 5 层,计算时段长依次为 20 min、80 min、120 min、240 min。管道剖分 49 个单元,计算时段长相应的依次为 30 s、120 s、180 s、360 s。经过计算,模型 1 和模型 2 计算的衰减曲线均可分成两段。分别使用叠加指数型、单一指数型、双曲线型和直线型对衰减段进行拟合分析,如表 3-3 所列。其中,R^2 为决定系数,为曲线可解释的变异占总的数据变异的百分比,表示曲线拟合的效果,表中加粗数字为各衰减方程对应的 R^2 中最大数。

图 3-2(a)和(b)为模型 1 衰减段的模型计算值和选择的衰减方程拟合值,其中孔隙水衰减一直计算到管道顶部孔隙含水层厚度减小到 1 m 左右为止,也即在整个衰减过程中管道上部一直与孔隙含水层有水量交换,孔隙水长时间的计算是为了得到孔隙衰减段更真实的衰减方程类型,如果计算时间较短,各衰减方程的拟合效果会比较接近。孔隙水的衰减计算时间要比管道水衰减计算时间长很多,故将其分别画在两个图中。

表 3-3　　　　　　　　　　　不同衰减方程拟合效果表

模型	方程类型	第一段		第二段	
		表达式	R^2	表达式	R^2
模型 1	叠加指数型	$0.027\mathrm{e}^{(-50.01t)} + 0.11\mathrm{e}^{(-0.017t)}$	**0.997**		
	单一指数型	$0.13\mathrm{e}^{(-3.62t)}$	0.892	$0.103\mathrm{e}^{(-0.017t)}$	0.982
	双曲线型	$0.14/(1+58.44t)^{0.15}$	0.981	$0.11/(1+0.018t)^{1.5}$	**1.000**
	直线型	$-0.44t+0.13$	0.873	$-0.001t+0.099$	0.922
模型 2	叠加指数型	$0.03\mathrm{e}^{(-83.80t)} + 0.02\mathrm{e}^{(-0.004\,6t)}$	0.972		
	单一指数型	$0.043\mathrm{e}^{(-14.31t)}$	0.905	$0.022\mathrm{e}^{(-0.004\,6t)}$	0.991
	双曲线型	$0.049/(1+90.15t)^{0.475}$	**0.993**	$0.02/(1+0.004\,6t)^{1.30}$	**0.998**
	直线型	$-0.45t+0.04$	0.847	$-0.000\,081t+0.021$	0.981

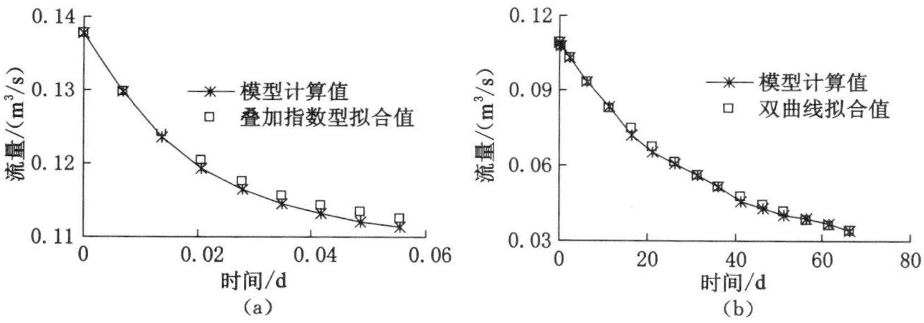

图 3-2

（a）模型 1 第一段衰减曲线；（b）模型 1 第二段衰减曲线

在第一段衰减的初始时刻,模型 1 的出口流量中来自管道的流量小于来自孔隙介质的流量,模型 2 的出口流量中来自管道的流量大于来自孔隙介质的流量,实际的岩溶地下河衰减中这两种情况都存在。

根据式(3-3)使用数值模型计算数据计算了两个模型衰减段的衰减系数,结果表明,衰减系数随着衰减时间的增加逐渐变小,变化速度由大变小,且两个模型的第一段衰减系数变化绝对值均大于第二段。衰减系数在变小的过程中存在波动现象,即衰减系数有局部增加的现象,但并不明显,而且波动比较均匀。

分析流量变化过程及表 3-3、图 3-2(a)和(b)可以有以下几点认识:

① 双曲线方程对衰减曲线的第一段和第二段都能非常好地拟合,也说明了整个衰减过程中的衰减系数及其变化速度都是不断变小的。由式(3-15)计算的衰减系数变化规律与流量衰减数据计算得到的规律是一致的。

② 模型 2 中,渗透系数较小,孔隙水对管道的补给量小,在第一段开始衰减后的短时间内出现 $Q(0)_1 e^{-\alpha_1 t}$ 大于 $Q(0)_2 e^{-\alpha_2 t}$,所以,这段时间内使用叠加指数方程拟合时,拟合曲线的衰减系数变化会出现拐点,而在模型 1 中,渗透系数较大,孔隙水对管道的补给量较大,$Q(0)_1 e^{-\alpha_1 t}$ 小于 $Q(0)_2 e^{-\alpha_2 t}$,不会出现拐点,这可能是叠加指数型拟合模型 1 的第一段的效果好于模型 2 的原因。但两个模型的拟合效果整体上都是很好的,决定系数分别是 0.97 和 0.99,说明拐点的影响非常小,衰减系数曲线上凸的部分对应的曲率非常小,衰减系数由小变大的过程非常不明显。

③ 单一指数方程对第一段的拟合效果不如对第二段的拟合效果,总体效果较好。另外,使用单一指数方程对第一段中管道单独衰减(管道衰减流量=出口流量-孔隙水补给管道水量)进行拟合,两个模型拟合效果都非常好。

④ 直线型对模型 1 的第二段拟合效果一般,对模型 2 的第二段有很好的拟合效果。总体上来看直线型拟合效果不如其他 3 个方程。

(2)给水度不同时的衰减方程

使用两个数值模型进行计算分析。概念模型与上边(1)中相同,如图 3-1 所示。两个计算模型的渗透系数均为 0.5 m/d,给水度分别为 0.03(模型 1)和 0.07(模型 2),含水层初始水位均为 14 m。其他参数与上边(1)中相同,如表 3-2 所列。

从计算开始的一定时间内保持雨强不变,然后停止降雨,分析流量衰减曲线。

经过计算,模型 1 和模型 2 计算的衰减曲线均可分成两段。分别使用叠加指数型、单一指数型、双曲线型和直线型对衰减段进行拟合分析,如表 3-4 所列。图 3-2(a)和(b)为模型 1 衰减段的模型计算值和选择的衰减方程拟合值,图 3-3(a)和(b)为模型 2 衰减段的模型计算值和选择的衰减方程拟合值。模型 1 和模型 2 在第一段衰减的初始时刻,出口流量中来自管道的流量均小于来自孔隙的流量。

表 3-4   **不同衰减方程拟合效果表**

模型	方程类型	第一段		第二段	
		表达式	R^2	表达式	R^2
模型 1	叠加指数型	$0.027 e^{(-46.52t)} + 0.066 e^{(-0.16t)}$	0.981		
	单一指数型	$0.085 e^{(-4.48t)}$	0.863	$0.064 e^{(-0.16t)}$	0.992
	双曲线型	$0.093\,4/(1+150.36t)^{0.14}$	**0.995**	$0.065/(1+0.16t)^{1.28}$	**1.000**
	直线型	$-0.34t+0.086$	0.831	$-0.007\,4t+0.063$	0.972

模型	方程类型	第一段		第二段	
		表达式	R^2	表达式	R^2
模型 2	叠加指数型	$0.026\mathrm{e}^{(-43.59t)}+0.069\mathrm{e}^{(-0.067t)}$	0.915		
	单一指数型	$0.087\mathrm{e}^{(-4.32t)}$	0.866	$0.065\mathrm{e}^{(-0.067t)}$	0.992
	双曲线型	$0.094\ 6/(1+160.56t)^{0.14}$	**0.997**	$0.067/(1+0.068t)^{1.4}$	**1.000**
	直线型	$-0.33t+0.087$	0.842	$-0.003t+0.064$	0.974

根据式(3-3)使用数值模型计算数据计算了两个模型衰减段的衰减系数,结果表明,衰减系数随着衰减时间的增加逐渐变小,变化速度由大变小,且两个模型的第一段衰减系数变化绝对值均大于第二段。衰减系数在变小的过程中,有波动现象,即衰减系数有局部增加的情况,但不明显,而且波动比较均匀。

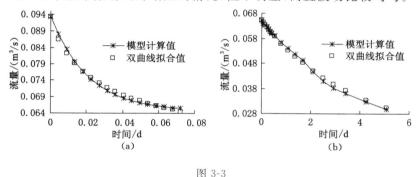

图 3-3

(a) 模型 2 第一段衰减曲线;(b) 模型 2 第二段衰减曲线

分析流量变化过程及表 3-4、图 3-3(a)和(b)可以有以下几点认识:

① 双曲线方程对衰减曲线的第一段和第二段都能非常好地拟合,表明整个衰减过程中的衰减系数及其变化速度都是不断变小的,与使用式(3-3)的计算结果一致。

② 在模型 1 和模型 2 中,虽然给水度均较小,但渗透系数较大,第一段开始衰减时 $Q(0)_1\mathrm{e}^{-a_1t}$ 均小于 $Q(0)_2\mathrm{e}^{-a_2t}$,所以,叠加指数方程拟合时,拟合曲线的衰减系数变化曲线不会出现拐点,并且拟合效果较好。其中,模型 2 第一段的决定系数为 0.91,小于在(1)中模型 1 第一段的决定系数 0.97(表 3-3),而(1)中模型 1 第一段的叠加指数型对应的衰减系数变化曲线是存在拐点的,这说明,叠加指数方程在拟合衰减曲线时,相应的衰减系数变化曲线是否存在拐点,不一定能决定拟合效果的好坏。

③ 单一指数方程对第一段的拟合效果不如对第二段的拟合效果,但整体效果较好。另外,使用单一指数方程对第一段中管道单独衰减进行拟合,两个模型拟合效果都非常好。

④ 直线型第二段的拟合效果好于第一段,但总体上来看直线型拟合效果不如其他3个方程。

(3) 含水层形状不同时的衰减方程

前边计算的含水层边界形状都是同一个长窄形(管道轴向方向长 1 000 m,横向方向长 300 m)边界形状。下面对边界形状分别为模型 1(不规则形)、模型 2(倒梯形)和模型 3(正梯形)进行计算分析,模型的渗透系数均为 0.5 m/d,其他参数如表 3-2 所列。计算的概念模型除了边界形状之外均与(1)中的相同,如图 3-1 所示。模型边界形状和单元剖分图分别见图 3-4(a)、(b)和(c),图中,圆圈代表落水洞,虚线为管道所在位置。

从计算开始的一定时间内保持雨强不变,然后停止降雨,5 d 以后,进行第二次降雨,停止降雨后,分析流量衰减曲线。

经过计算,模型 1~3 计算的衰减曲线均可分成两段。分别使用叠加指数型、单一指数型、双曲线型和直线型对衰减段进行拟合分析,如表 3-5 所列。图 3-5(a)和(b)为模型 1 衰减段的模型计算值和选择的衰减方程拟合值。模型 1~3 在第一段衰减的初始时刻,出口流量中来自管道的流量均小于来自孔隙的流量。

表 3-5   **不同衰减方程拟合效果表**

模型	方程类型	第一段		第二段	
		表达式	R^2	表达式	R^2
模型 1 (不规则形)	叠加指数型	$0.025e^{(-15.014t)} + 0.057e^{(-0.012t)}$	**0.994**		
	单一指数型	$0.078e^{(-1.506t)}$	0.881	$0.054e^{(-0.012t)}$	0.983
	双曲线型	$0.082/(1+30.01t)^{0.19}$	0.991	$0.056/(1+0.026t)^{0.74}$	**0.992**
	直线型	$-0.099t + 0.077$	0.852	$-0.000\,51t + 0.053$	0.963
模型 2 (倒梯形)	叠加指数型	$0.12e^{(-2.54t)} + 0.17e^{(-0.023t)}$	0.922		
	单一指数型	$0.25e^{(-0.32t)}$	0.778	$0.16e^{(-0.023t)}$	**0.999**
	双曲线型	$0.29/(1+14.21t)^{0.21}$	**0.988**	$0.16/(1+0.061t)^{0.48}$	0.996
	直线型	$-0.068t + 0.24$	0.736	$-0.003\,4t + 0.16$	0.997
模型 3 (正梯形)	叠加指数型	$0.13e^{(-4.091t)} + 0.16e^{(-0.026t)}$	0.965		
	单一指数型	$0.24e^{(-0.55t)}$	0.795	$0.16e^{(-0.026t)}$	**0.994**
	双曲线型	$0.29/(1+15.01t)^{0.24}$	**0.987**	$0.15/(1+0.005\,5t)^{4.78}$	0.990
	直线型	$-0.11t + 0.24$	0.747	$-0.002\,5t + 0.15$	0.987

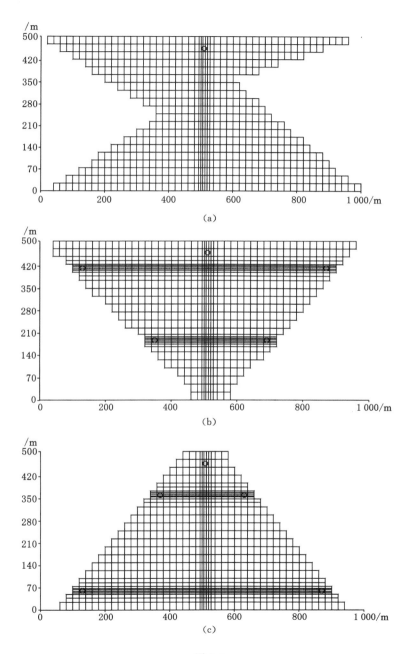

图 3-4

（a）不规则边界；（b）倒梯形边界；（c）正梯形边界

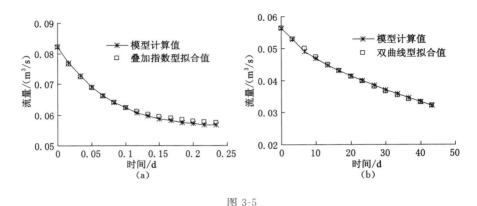

图 3-5

(a) 模型 1 第一段衰减曲线;(b) 模型 1 第二段衰减曲线

根据式(3-3)使用数值模型计算数据计算了 3 个模型衰减段的衰减系数,结果表明,衰减系数随着衰减时间的增加逐渐变小,变化速度由大变小,且 3 个模型的第一段衰减系数变化绝对值均大于第二段。衰减系数在变小的过程中,有波动现象,即衰减系数有局部增加的情况,但不明显,而且波动比较均匀。

分析流量变化过程及表 3-5、图 3-5(a)和(b)可以有以下几点认识:

① 双曲线方程对衰减曲线的第一段和第二段都能非常好地拟合,表明整个衰减过程中的衰减系数及其变化速度都是不断变小的,与使用公式(3-3)的计算结果一致。

② 3 个模型第一段开始衰减时 $Q(0)_1 e^{-\alpha_1 t}$ 均小于 $Q(0)_2 e^{-\alpha_2 t}$,所以,叠加指数方程拟合时,拟合曲线的衰减系数变化曲线不会出现拐点,拟合效果较好。

③ 单一指数方程对第一段不如对第二段的拟合效果。另外,使用单一指数方程对第一段中管道单独衰减进行拟合,3 个模型拟合效果都非常好。

④ 直线型第二段的拟合效果好于第一段,但总体上来看直线型拟合效果不如其他 3 个方程。

上面对 4 种拟合方程的对比分析表明,在上述模型给定的条件下,边界形状并没有对衰减曲线的形式产生影响。

3.5.1.2 孔隙介质有连续补给(排泄)

4 个模型的概念模型如图 3-1 所示,模型计算参数如表 3-2 所列,孔隙介质渗透系数均为 0.5 m/d。在含水层的上部、左侧、右侧和底部分别设置了不同的补给、排泄量,不包括管道所在位置的底部,具体取值如表 3-6 所列。模型 1~3 在 4 个方向上均设置了排泄项,模型 1 中排泄总量占孔隙向管道排泄总量的比例小于模型 2,且两模型中的排泄强度均保持不变;模型 3 中的排泄总量占孔隙

表 3-6　　　　　　　　　　　　　　衰减过程中孔隙水各项补排量表

模型	段	管道出口流量 /(×10⁴ m³)	孔隙水向管道排泄总量 /(×10⁴ m³)	上部补给(排泄)量 强度 /(m³/s)	上部 总量 /(×10⁴ m³)	上部 方式	左侧补给(排泄)量 强度 /(m³/s)	左侧 总量 /(×10⁴ m³)	左侧 方式	右侧补给(排泄)量 强度 /(m³/s)	右侧 总量 /(×10⁴ m³)	右侧 方式	底部补给(排泄)量 强度 /(m³/s)	底部 总量 /(×10⁴ m³)	底部 方式
模型 1	第一段	0.12	0.11	-0.92×10^{-8}	−0.003	I	-2.68×10^{-7}	−0.009 5	I	-2.68×10^{-7}	−0.009 5	I	-0.92×10^{-8}	−0.003	I
	第二段	28.50	28.21		−1.56			−3.56			−3.56			−1.56	
模型 2	第一段	0.79	0.72	-0.92×10^{-8}	−0.027	I	-7.78×10^{-7}	−0.18	I	-7.78×10^{-7}	−0.18	I	-0.92×10^{-8}	−0.027	I
	第二段	17.19	17.16		−1.04			−5.46			−5.46			−1.04	
模型 3	第一段	0.8	0.72		−0.049	II		−0.07	II		−0.07	II		−0.049	II
	第二段	19.11	19.0		−1.99			−2.55			−2.55			−1.99	
模型 4	第一段	0.84	0.77	0.92×10^{-8}	0.027	III	1.68×10^{-7}	0.05	III	1.68×10^{-7}	0.05	III	0.92×10^{-8}	0.027	III
	第二段	16.57	16.38		0.74			1.35			1.35			0.74	

注:①补给(排泄)量中,正值表示补给,负值表示排泄。

②强度指单位时间(s)单位面积(m²)上的补给(排泄)量。

③ I ——排泄部位有效计算单元单位面积排泄量指数衰减,衰减系数 0.000 6;II ——排泄部位有效计算单元单位面积排泄量不变;III ——补给部位有效计算单元单位面积补给量不变。

向管道排泄总量的比例居于前两个模型的中间,且排泄强度呈指数衰减。模型 4 中在 4 个方向上均设置了补给项,补给强度保持不变。

从计算开始的一定时间内保持雨强不变,然后停止降雨,再分别经过 9.6 d、10.3 d、10.3 d、10.3 d,进行第二次降雨,第二次降雨的历时和雨强各模型不完全一致。第二次降雨停止后,分析流量衰减曲线。

经过计算,4 个模型的衰减曲线均可分成两段。分别使用叠加指数型、单一指数型、双曲线型和直线型对衰减段进行拟合分析,如表 3-7 所列。图 3-6(a)和(b)为模型 2 衰减段的模型计算值和选择的衰减方程拟合值。4 个模型第一段衰减的初始时刻,出口流量中来自管道的流量均小于来自孔隙的流量。

表 3-7　　　　　　　　　　　　不同衰减方程拟合效果表

模型	方程类型	第一段		第二段	
		表达式	R^2	表达式	R^2
模型 1	叠加指数型	$0.027\mathrm{e}^{(-24.55t)} + 0.092\,6\mathrm{e}^{(-0.019t)}$	0.979		
	单一指数型	$0.11\mathrm{e}^{(-1.87t)}$	0.872	$0.089\mathrm{e}^{(-0.019t)}$	0.995
	双曲线型	$0.12/(1+49.01t)^{0.14}$	**0.988**	$0.092/(1+0.014t)^{1.91}$	**0.997**
	直线型	$-0.19t+0.11$	0.852	$-0.001\,1t+0.085$	0.958
模型 2	叠加指数型	$0.029\mathrm{e}^{(-3.28t)} + 0.077\mathrm{e}^{(-0.024t)}$	0.931		
	单一指数型	$0.095\mathrm{e}^{(-0.300\,8t)}$	0.837	$0.073\mathrm{e}^{(-0.024t)}$	**0.997**
	双曲线型	$0.105/(1+8.41t)^{0.17}$	**0.986**	$0.073/(1+0.014t)^{2.071}$	0.992
	直线型	$-0.026t+0.095$	0.809	$-0.001\,1t+0.069$	0.978
模型 3	叠加指数型	$0.034\mathrm{e}^{(-3.43t)} + 0.076\mathrm{e}^{(-0.021t)}$	0.945		
	单一指数型	$0.099\mathrm{e}^{(-0.37t)}$	0.843 7	$0.072\mathrm{e}^{(-0.021t)}$	0.996
	双曲线型	$0.11/(1+10.24t)^{0.18}$	**0.990**	$0.073/(1+0.011t)^{2.51}$	**0.997**
	直线型	$-0.032t+0.099$	0.811	$-0.001\,1t+0.069$	0.971
模型 4	叠加指数型	$0.029\mathrm{e}^{(-3.305t)} + 0.080\,4\mathrm{e}^{(-0.015t)}$	0.956		
	单一指数型	$0.099\mathrm{e}^{(-0.27t)}$	0.814	$0.075\mathrm{e}^{(-0.015t)}$	0.983
	双曲线型	$0.29/(1+151t)^{0.24}$	**0.977**	$0.079/(1+0.061t)^{0.44}$	**0.993**
	直线型	$-0.025t+0.099$	0.788	$-0.002\,5t+0.14$	0.969

根据式(3-3)使用数值模型计算数据计算了 4 个模型衰减段的衰减系数,结果表明,衰减系数随着衰减时间的增加逐渐变小,变化速度由大变小,且 4 个模型的第一段衰减系数变化绝对值均大于第二段。衰减系数在变小的过程中,有波动现象,即衰减系数有局部增加的情况,但不明显,而且波动比较均匀。

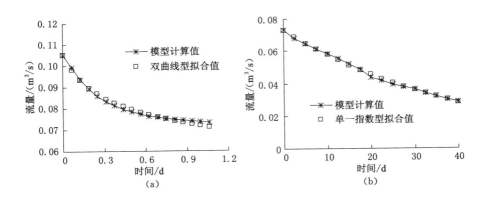

图 3-6
(a) 模型 2 第一段衰减曲线;(b) 模型 2 第二段衰减曲线

分析流量变化过程及表 3-7、图 3-6(a)和(b)可以有以下几点认识:

① 双曲线方程对衰减曲线的第一段和第二段都能非常好地拟合,也说明了整个衰减过程中的衰减系数及其变化速度都是不断变小的。

② 叠加指数方程对 4 个模型的拟合效果不如双曲线方程,但仍很好。另外,使用单一指数方程对第一段中管道单独衰减进行拟合,拟合效果也较好。4 个模型第一段衰减的初始时刻,出口流量中来自管道的流量均小于来自孔隙的流量,拟合曲线的衰减系数变化曲线不出现拐点。

③ 单一指数方程对第一段的拟合效果不如第二段。整体拟合效果与直线方程接近,但不如前两个模型。

④ 直线型第二段的拟合效果好于第一段,且第二段的拟合效果与单一指数方程和双曲线方程均较接近。

3.5.1.3 管道有连续补给(排泄)

3 个衰减数值模型的概念模型和计算参数分别如图 3-1 和表 3-2 所示,孔隙介质渗透系数均为 0.5 m/d。管道除了孔隙水的补给和出口处的排泄之外,还考虑了管道底部有来自该系统之外的补给和排泄的情况,具体如表 3-8 所列。模型 1 和 2 中管道底部的排泄总量基本相同,不同的是模型 1 中的排泄量在管道底部均匀分布,模型 2 中主要集中在管道中间的 1/3 处,模型 3 中管道的底部有均匀分布的补给量。

从计算开始的一定时间内保持雨强不变,然后停止降雨,再分别经过 10.5 d,进行第二次降雨,降雨停止后,分析流量衰减曲线。

表 3-8 　　　　　　　　　衰减过程中管道各项补排量表　　　　　　　单位：$\times 10^4$ m^3

模型		管道出口流量	孔隙水补给量	管道底部补给（排泄）量
模型 1	第一段	0.12	0.12	−0.02
	第二段	20.97	29.34	−8.50
模型 2	第一段	0.12	0.12	−0.02
	第二段	21.21	29.34	−8.27
模型 3	第一段	0.19	0.13	0.02
	第二段	37.04	28.72	8.18

　　分别使用叠加指数型、单一指数型、双曲线型和直线型对衰减段进行拟合分析，如表 3-9 所列。图 3-7(a) 和 (b) 为模型 1 衰减段的模型计算值和选择的衰减方程拟合值。4 个模型在第一段衰减的初始时刻，出口流量中来自管道的流量均大于来自孔隙的流量。

表 3-9 　　　　　　　　　　不同衰减方程拟合效果表

模型	方程类型	第一段		第二段	
		表达式	R^2	表达式	R^2
模型 1	叠加指数型	$0.048e^{(-24.95t)} + 0.091e^{(-0.014t)}$	0.062		
	单一指数型	$0.014e^{(-2.30t)}$	0.838	$0.101\ 1e^{(-0.014t)}$	0.979
	双曲线型	$0.15/(1+90t)^{0.15}$	**0.988**	$0.11/(1+0.013t)^{1.51}$	**0.992**
	直线型	$-0.28t + 0.14$	0.808	$-0.001t + 0.099$	0.946
模型 2	叠加指数型	$0.048e^{(-25.304t)} + 0.091e^{(-0.023t)}$	−0.114		
	单一指数型	$0.11e^{(-3.09t)}$	0.856	$0.072e^{(-0.023t)}$	0.992
	双曲线型	$0.12/(1+73t)^{0.21}$	**0.990**	$0.076/(1+0.016t)^{2.12}$	**0.998**
	直线型	$-0.29t + 0.11$	0.817	$-0.000\ 9t + 0.069$	0.941
模型 3	叠加指数型	$0.047e^{(-24.55t)} + 0.091e^{(-0.023t)}$	−11.711		
	单一指数型	$0.11e^{(-3.06t)}$	0.934	$0.072e^{(-0.023t)}$	0.992
	双曲线型	$0.12/(1+80t)^{0.21}$	**0.995**	$0.075/(1+0.028t)^{1.31}$	**0.995**
	直线型	$-0.28t + 0.11$	0.816	$-0.000\ 9t + 0.068$	0.941

　　根据式 (3-3) 使用数值模型计算结果计算了 3 个模型衰减段的衰减系数，结果表明，衰减系数随着衰减时间的增加逐渐变小，变化速度由大变小，且 3 个模型的第一段衰减系数变化绝对值均大于第二段。衰减系数及其变化速度波动很小。

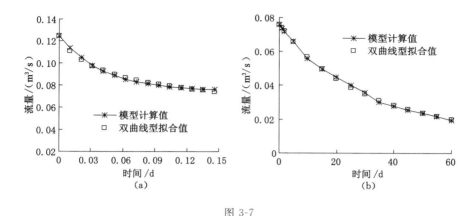

图 3-7

（a）模型 1 第一段衰减曲线；（b）模型 1 第二段衰减曲线

分析流量变化过程及表 3-9、图 3-7（a）和（b）可以有以下几点认识：

① 双曲线方程对衰减曲线的第一段和第二段都能非常好地拟合，也说明了整个衰减过程中的衰减系数及其变化速度都是不断变小的。

② 叠加指数方程对 3 个模型的拟合效果都非常差，是 4 个衰减方程中拟合效果最差的一个，对模型 1 的 R^2 仅为 0.06，其他两个模型 R^2 均为负值。3 个衰减第一段开始衰减时 $Q(0)_1 e^{-\alpha_1 t}$ 均大于 $Q(0)_2 e^{-\alpha_2 t}$，所以，叠加指数方程拟合时，拟合曲线的衰减系数变化曲线不会出现拐点。拟合效果非常差一方面是因为管道在衰减过程中有来自外流域的补给和排泄，另一方面是叠加指数方程中的初始流量严格使用的是相应衰减初始时刻的流量，如果将方程中初始流量做一定的调整，即相当于方程中有 4 个参数，这样拟合效果会变好。使用单一指数方程对第一段中管道单独衰减进行拟合效果也都不是很好。

③ 单一指数方程对第二段的拟合效果好于第一段的拟合效果，整体效果较好。

④ 直线型第二段的拟合效果好于第一段，但总体上拟合效果仅好于叠加指数型。

3.5.1.4 孔隙介质有非连续补给（排泄）

4 个模型的概念模型如图 3-1 所示，不同的是模型长变为 5 000 m，宽变为 100 m。孔隙介质渗透系数均为 0.21 m/d，其他计算参数如表 3-2 所列。模型 1 的上部有排泄量，模型 2 的下部有排泄量，模型 3 的左、右两侧有排泄量，模型 4 的下部有补给量，补给和排泄量均约占同时段孔隙向管道排泄量的 1/3。模型 1～3 在开始计算后的 39.4 d 排泄量消失。

从计算开始的一定时间内保持雨强不变，然后停止降雨，再分别经过 18.6 d，进行第二次降雨，降雨停止后，分析流量衰减曲线。

分别使用叠加指数型、单一指数型、双曲线型和直线型对衰减段进行拟合分析,如表 3-10 所列。图 3-8(a)和(b)为模型 1 衰减段的模型计算值和选择的衰减方程拟合值。4 个模型在第一段衰减的初始时刻,出口流量中来自管道的流量均大于来自孔隙的流量。

表 3-10 不同衰减方程拟合效果表

模型	方程类型	第一段		第二段	
		表达式	R^2	表达式	R^2
模型 1	叠加指数型	$0.137e^{(-5.539t)} + 0.237e^{(-0.026\,3t)}$	0.952		
	单一指数型	$0.320\,3e^{(-0.579t)}$	0.782	$0.234e^{(-0.026\,3t)}$	**0.995**
	双曲线型	$0.374/(1+40t)^{0.15}$	**0.987**	$0.23/(1+0.01t)^{2.9}$	0.987
	直线型	$-0.162t + 0.321$	0.475	$-0.003\,9t + 0.222$	0.980
模型 2	叠加指数型	$0.137e^{(-5.568t)} + 0.233e^{(-0.023\,7t)}$	0.957		
	单一指数型	$0.317e^{(-0.586t)}$	0.783	$0.229e^{(-0.023\,7t)}$	**0.995**
	双曲线型	$0.37/(1+60t)^{0.13}$	**0.976**	$0.226/(1+0.008t)^{3.2}$	0.990
	直线型	$-0.162t + 0.318$	0.746	$-0.003\,5t + 0.218$	0.978
模型 3	叠加指数型	$0.359e^{(-5.943t)} + 0.242e^{(-0.024t)}$	0.926		
	单一指数型	$0.431e^{(-1.051\,7t)}$	0.726	$0.230\,2e^{(-0.024t)}$	**0.996**
	双曲线型	$0.601\,2/(1+40t)^{0.3}$	**0.987**	$0.227/(1+0.009t)^{3}$	0.986
	直线型	$-0.359t + 0.439$	0.665	$-0.003\,6t + 0.220$	0.985
模型 4	叠加指数型	$0.277e^{(-0.769t)} + 0.263e^{(-0.018\,4t)}$	-3.516		
	单一指数型	$0.419e^{(-0.908\,1t)}$	0.758	$0.26e^{(-0.018\,4t)}$	0.992
	双曲线型	$0.54/(1+63t)^{0.2}$	**0.974**	$0.251/(1+0.007t)^{2.7}$	0.977
	直线型	$-0.312t + 0.423$	0.706	$-0.003\,3t + 0.250\,4$	**0.997**

根据式(3-3)使用数值模型计算数据计算了 4 个模型衰减段的衰减系数,结果表明,衰减系数随着衰减时间的增加逐渐变小,变化速度由大变小,且 4 个模型的第一段衰减系数变化绝对值均大于第二段。衰减系数及其变化速度主要在补给和排泄结束时刻附近有波动现象。

分析流量变化过程及表 3-10、图 3-8(a)和(b)可以有以下几点认识:

① 双曲线方程对衰减曲线的第一段和第二段都能非常好地拟合,也说明了整个衰减过程中的衰减系数及其变化速度都是不断变小的。

② 叠加指数方程对前 3 个模型的拟合效果较好,对第四个模型拟合时 R^2 为负值,拟合效果较差。4 个衰减方程第一段开始衰减时 $Q(0)_1 e^{-\alpha_1 t}$ 均大于

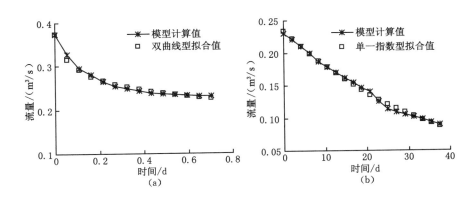

图 3-8

（a）模型 1 第一段衰减曲线；（b）模型 1 第二段衰减曲线

$Q(0)_2 e^{-\alpha_2 t}$，所以，叠加指数方程拟合时，拟合曲线的衰减系数变化曲线不会出现拐点。如果将方程中初始流量值做一定的调整，即相当于方程中有 4 个参数，这样方程拟合效果会变好。

③ 单一指数方程对第二段的拟合效果好于第一段的拟合效果，整体效果较好。

④ 直线型第二段的拟合效果好于第一段，总体上拟合效果比单一指数方程稍差。

3.5.1.5　管道有降雨补给

模型的降雨补给量直接通过管道上游端的落水洞补给管道，概念模型如图 3-1 所示，模型计算参数如表 3-2 所列，孔隙介质渗透系数为 0.5 m/d。

从计算开始的一定时间内保持雨强不变，然后停止降雨，再分别经过 10.5 d，进行第二次降雨，降雨停止后，分析流量衰减曲线。

衰减过程中管道各项补排量如表 3-11 所列。分别使用叠加指数型、单一指数型、双曲线型和直线型对衰减段进行拟合分析，如表 3-12 所列。图 3-9（a）和（b）为模型衰减段的模型计算值和选择的衰减方程拟合值。模型中在第一段衰减的初始时刻，出口流量中来自管道的流量大于来自孔隙的流量。

表 3-11　　　　　　　　　衰减过程中管道各项补排量表　　　　　单位：×10⁴ m³

模型	管道出口流量	孔隙水补给量	降雨补给量	管道底部补给（排泄）量
第一段	0.24	0.22	0.006 1	0
第二段	25.32	24.53	0.24	0

表 3-12   不同衰减方程拟合效果表

方程类型	第一段		第二段	
	表达式	R^2	表达式	R^2
叠加指数型	$0.028\mathrm{e}^{(-7.36t)} + 0.079\mathrm{e}^{(-0.016t)}$	0.086		
单一指数型	$0.091\mathrm{e}^{(-0.648t)}$	**0.550**	$0.076\mathrm{e}^{(-0.016t)}$	0.972
双曲线型	$0.11/(1+700t)^{0.06}$	-1.121	$0.078/(1+0.032t)^{0.81}$	**0.974**
直线型	$-0.058t + 0.093$	0.534	$-0.000\,8t + 0.074$	0.950

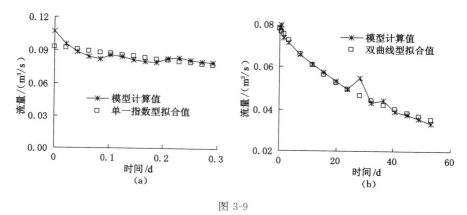

图 3-9
(a)模型第一段衰减曲线;(b)模型第二段衰减曲线

根据式(3-3)使用数值模型计算数据计算了模型衰减段的衰减系数,结果表明,衰减系数随着衰减时间的增加整体上变小,变化速度也是整体上变小,第一段和第二段在降雨发生时刻附近衰减系数及其变化速度发生波动。模型的第一段衰减系数变化绝对值大于第二段。

分析流量变化过程及表 3-12、图 3-9(a)和(b)可以有以下几点认识:

① 双曲线方程对模型的第一段拟合效果不好,R^2 为负值,第二段的拟合效果非常好。

② 叠加指数方程对模型的拟合效果不好,R^2 仅为 0.086,如果将方程中初始流量值做一定的调整,即相当于方程中有 4 个参数,这样方程拟合效果会变好。衰减第一段开始衰减时 $Q(0)_1 \mathrm{e}^{-\alpha_1 t}$ 均大于 $Q(0)_2 \mathrm{e}^{-\alpha_2 t}$,所以,叠加指数方程拟合时,拟合曲线的衰减系数变化曲线不会出现拐点。拟合效果不好,是由于降雨引起的流量波动。

③ 单一指数方程对第二段的拟合效果好于第一段的拟合效果,整体效果最

好。尽管模型衰减过程中降雨的影响较大,但仍然能较好地拟合,说明,单一指数型方程的适应性较强。

④ 直线型方程第二段的拟合效果好于第一段,但总体上拟合效果比单一指数型略差。

3.5.2 均质各向同性孔隙-管道(层紊流并存)系统

前面的衰减数值模型在整个衰减过程中,管道的流态一直处于粗糙紊流状态,下面分析管道在衰减过程中流态处于层、紊流混合时的衰减方程形式。

3 个模型的孔隙介质渗透系数分别为 0.01 m/d、0.025 m/d 和 0.01 m/d,模型 1 和模型 3 采用相同的管网模型,模型 2 的水文地质概念模型如图 3-1 所示,只采用一条管道。3 个模型的其他参数如表 3-2 所列。

从计算开始的一定时间内保持雨强不变,然后停止降雨,再分别经过 0.5 d、0.5 d 和 10.5 d,进行第二次降雨,降雨停止后,分析流量衰减曲线。

模型衰减过程中,层流计算单元占总计算单元的比例变化情况见表 3-13。分别使用叠加指数型、单一指数型、双曲线型和直线型对衰减段进行拟合分析,如表 3-14 所列。图 3-10(a)和(b)为模型 1 衰减段的模型计算值和选择的衰减方程拟合值。3 个模型在第一段衰减的初始时刻,出口流量中来自管道的流量均大于来自孔隙的流量。

表 3-13 衰减过程中层流单元比例变化表

模型	管道总单元数/个	层流单元数/个		
		第一段衰减初始时刻	第一段衰减结束时刻	第二段衰减结束时刻
模型 1	121	2	68	74
模型 2	49	1	8	24
模型 3	121	12	65	69

表 3-14 不同衰减方程拟合效果表

模型	方程类型	第一段		第二段	
		表达式	R^2	表达式	R^2
模型 1	叠加指数型	$0.11e^{(-53.24t)} + 0.009\,5e^{(-0.015t)}$	0.802		
	单一指数型	$0.12e^{(-24.97t)}$	**0.999**	$0.009\,1e^{(-0.015t)}$	**0.999**
	双曲线型	$0.12/(1+7.61t)^{3.94}$	0.994	$0.009\,1/(1+0.026t)^{0.72}$	0.992
	直线型	$-0.98t + 0.097$	0.883	$-0.000\,11t + 0.009\,1$	0.998 1

续表 3-14

模型	方程类型	第一段		第二段	
		表达式	R^2	表达式	R^2
模型 2	叠加指数型	$0.018\mathrm{e}^{(-215.96t)} + 0.005\,3\mathrm{e}^{(-0.008\,3t)}$	0.721		
	单一指数型	$0.023\mathrm{e}^{(-86.48t)}$	**0.997**	$0.004\,9\mathrm{e}^{(-0.008\,3t)}$	0.980
	双曲线型	$0.023/(1+20.01t)^{4.61}$	0.993	$0.005\,3/(1+0.006\,1t)^{2.01}$	**0.995**
	直线型	$-1.069t + 0.021$	0.977	$-0.000\,021t + 0.004\,6$	0.923
模型 3	叠加指数型	$0.12\mathrm{e}^{(-54.81t)} + 0.008\,06\mathrm{e}^{(-0.015t)}$	0.781		
	单一指数型	$0.13\mathrm{e}^{(-27.32t)}$	**0.998**	$0.007\,7\mathrm{e}^{(-0.015t)}$	**0.997**
	双曲线型	$0.12/(1+7.01t)^{4.41}$	0.992	$0.007\,8/(1+0.013t)^{1.34}$	0.983
	直线型	$-1.028t + 0.097$	0.891	$-0.000\,11t + 0.007\,7$	0.996

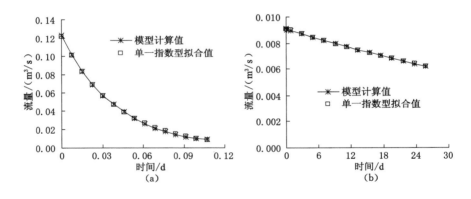

图 3-10

（a）模型 1 第一段衰减曲线；（b）模型 1 第二段衰减曲线

根据式（3-3）使用数值模型计算数据计算了 3 个模型衰减段的衰减系数,结果表明,衰减系数随着衰减时间的增加逐渐变小,变化速度由大变小,且 3 个模型的第一段衰减系数变化绝对值均大于第二段。衰减系数在变小的过程中,有波动现象,即衰减系数有局部增加的情况,但不明显,而且波动比较均匀。

分析流量变化过程及表 3-13、表 3-14、图 3-10（a）和（b）可以有以下几点认识:

① 双曲线方程对衰减曲线的第一段和第二段都能非常好地拟合,表明整个衰减过程中的衰减系数及其变化速度都是不断变小的,与使用式（3-3）的计算结果一致。

② 叠加指数方程对 3 个模型的拟合效果都不是很好,是 4 个衰减方程中拟合效果最差的一个,另外,使用单一指数方程对第一段中管道单独衰减进行拟合效果也都不是很好。第一段开始衰减时 $Q(0)_1 e^{-\alpha_1 t}$:$Q(0)_2 e^{-\alpha_2 t}$ 的值分别是 12.1、3.4 和 14.3,所以,叠加指数方程拟合时,拟合曲线的衰减系数变化曲线会出现拐点。叠加指数方程衰减系数变化出现拐点可能是模型拟合下降的原因之一。3 个模型的第一段的名义衰减系数均较大(24.97,86.48,27.32),实际地下河流域的这个衰减系数一般小于 1,但关于地下河系统在衰减过程中水流流态的问题一直没有一致的结论,有些研究者认为可能存在层流,另一些人则认为尽管流速可能很小,但地下河的糙率会相对较大,导致流态处于紊流阶段。

③ 单一指数方程对第一段和第二段都有非常好的拟合效果,这在之前计算的所有的模型中是没有出现过的情况,说明,单一指数型在拟合第一段的时候有时会有较好的拟合效果。

④ 直线方程对第一段和第二段的拟合效果接近,但总体上拟合效果仅仅好于叠加指数型。

3.5.3 非均质各向异性孔隙-管道(紊流)系统

4 个数值模型的概念模型如图 3-1 所示,模型的空间剖分都是相同的,孔隙含水层共剖分 5 201 个单元,垂向上剖分 5 层,管道位于底层(第一层)。模型 1 的第五层的孔隙介质渗透系数和给水度分别为 0.1 m/d 和 0.02,其他层的渗透系数和给水度均相同,分别为 0.5 m/d 和 0.1;模型 2 的第四层的垂向渗透系数和垂向给水度分别为 0.1 m/d 和 0.02,水平方向上的渗透系数和给水度分别为 0.05 m/d 和 0.01,其他层的渗透系数和给水度均相同,分别为 0.5 m/d 和 0.1,即模型 2 描述了一个中间包含有弱透水层的地下河含水系统;模型 3 中的渗透系数和给水度从上到下逐渐变小,五层分别为 0.5 m/d、0.1、0.4 m/d、0.08、0.3 m/d、0.06、0.2 m/d、0.04、0.1 m/d、0.02;模型 4 中的渗透系数和给水度从模型两侧向中间分别逐渐变大,形成了 3 对关于管道对称的参数区,从一侧向管道靠近的过程中,渗透系数和给水度分别为 0.2 m/d、0.04、0.35 m/d、0.07、0.5 m/d、0.1。模型的其他参数如表 3-2 所列。

从计算开始的一定时间内保持雨强不变,然后停止降雨,再分别经过 10.5 d,进行第二次降雨。第二次降雨停止后,分析流量衰减曲线。

经过计算,4 个模型的衰减曲线均可分成两段。分别使用叠加指数型、单一指数型、双曲线型和直线型对衰减段进行拟合分析,如表 3-15 所列。图 3-11(a) 和(b)为模型 1 衰减段的模型计算值和选择的衰减方程拟合值。4 个模型第一段衰减的初始时刻,出口流量中来自管道的流量均小于来自孔隙的流量。

表 3-15　　　　　　　　　　不同衰减方程拟合效果表

模型	方程类型	第一段		第二段	
		表达式	R^2	表达式	R^2
模型1	叠加指数型	$0.047\,3\mathrm{e}^{(-25.265t)} + 0.075\,7\mathrm{e}^{(-0.016\,9t)}$	**0.998**		
	单一指数型	$0.109\mathrm{e}^{(-3.021t)}$	0.851	$0.076\,7\mathrm{e}^{(-0.016\,9t)}$	0.974
	双曲线型	$0.123/(1+60t)^{0.23}$	0.989	$0.075\,6/(1+0.009t)^2$	0.962
	直线型	$-0.281t + 0.109$	0.813	$-0.001t + 0.075\,8$	**0.985**
模型2	叠加指数型	$0.17\mathrm{e}^{(-25.489t)} + 0.077\,6\mathrm{e}^{(-0.015\,3t)}$	**0.989**		
	单一指数型	$0.173\mathrm{e}^{(-5.324t)}$	0.763	$0.074\,5\mathrm{e}^{(-0.015\,3t)}$	0.997
	双曲线型	$0.248/(1+70t)^{0.48}$	**0.989**	$0.075\,5/(1+0.01t)^{1.8}$	**0.998**
	直线型	$-0.671t + 0.176$	0.689	$-0.000\,9t + 0.073\,8$	0.987
模型3	叠加指数型	$0.027\,4\mathrm{e}^{(-28.617t)} + 0.043\,36\mathrm{e}^{(-0.005\,2t)}$	**0.997**		
	单一指数型	$0.062\,9\mathrm{e}^{(-3.344t)}$	0.862	$0.041\mathrm{e}^{(-0.005\,2t)}$	0.995
	双曲线型	$0.070\,7/(1+60t)^{0.24}$	0.989	$0.043\,2/(1+0.007t)^1$	**0.996**
	直线型	$-0.178t + 0.062\,8$	0.824	$-0.000\,2t + 0.041\,2$	0.979
模型4	叠加指数型	$0.028\,1\mathrm{e}^{(-24.124t)} + 0.084\,4\mathrm{e}^{(-0.030\,7t)}$	**0.993**		
	单一指数型	$0.104\,7\mathrm{e}^{(-1.924t)}$	0.859	$0.083\,8\mathrm{e}^{(-0.030\,7t)}$	**0.999**
	双曲线型	$0.113/(1+60t)^{0.14}$	0.990	$0.084\,1/(1+0.038t)^1$	0.995
	直线型	$-0.183t + 0.010\,47$	0.837	$-0.002t + 0.082\,9$	0.995

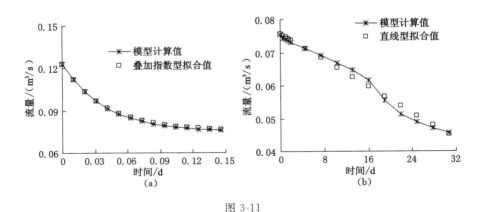

图 3-11

(a) 模型 1 第一段衰减曲线；(b) 模型 1 第二段衰减曲线

根据式(3-3)使用数值模型计算数据计算了 4 个模型衰减段的衰减系数,结果表明,衰减系数随着衰减时间的增加整体上是变小的,变化过程出现了增加的现象;变化速度整体上也是变小的,在变化速度变小的过程中,有变大的阶段。4个模型的第一段衰减系数变化绝对值均大于第二段。衰减系数及其变化速度波动比之前模型计算结果略明显,这是由于非均质性和各向异性引起的。图3-11(b)中,流量的变化在 16 d 附近出现了明显的转折点,分析孔隙介质该时刻的水头分布,可以发现,水头大部分基本位于模型的第五层和第四层之间,即第五层的相对弱透水层已经衰减结束。

分析流量变化过程及表 3-15、图 3-11(a)和(b)可以有以下几点认识:

① 双曲线方程对衰减曲线的第一段和第二段都能非常好地拟合。由式(3-15)可知,双曲线方程对应的衰减系数及其变化速度都是不断变小的,但此时衰减系数及其变化速度的变化应以式(3-3)的计算结果为准。

② 叠加指数方程对 4 个模型的拟合效果都非常好,整体上与双曲线方程拟合效果基本一致。叠加指数方程拟合时,拟合曲线的衰减系数变化曲线不会出现拐点。

③ 单一指数方程对第一段的拟合效果不如第二段,整体拟合效果与直线方程接近,但不如前两个模型。

④ 直线型第二段的拟合效果好于第一段。对模型 1 第二段的拟合在各模型中相对最好。

3.6 孔隙-裂隙-管道型地下河系统数值试验分析

两个模型的概念模型在图 3-1 的基础上,增加了裂隙介质,裂隙的生成不使用随机生成的方式,而是采用人为给定的方式,这样做的目的是为了分析简单、相对规则的情况下的衰减规律。两个模型中所有裂隙的张开度均为 2 mm,倾角均为 90°。模型 1 中共有 7 条裂隙,6 条对称分布于管道两侧,另外一条垂直于管道,位于其下游 1/4 处;模型 2 在模型 1 的基础上增加了一条垂直于管道的裂隙,且位于管道下游 1/3 处。

模型 1 的孔隙介质渗透系数和给水度分别为 0.000 5 m/d 和 0.001,模型 2 的孔隙介质渗透系数和给水度分别为 0.005 m/d 和 0.005。孔隙降雨入渗系数为 0.001,衰减期管道流态为层流。其他计算参数如表 3-2 所列。从计算开始的一定时间内保持雨强不变,然后停止降雨,分析流量衰减曲线。

分别使用叠加指数型、单一指数型、双曲线型和直线型对衰减段进行拟合分析,如表 3-16 所列。模型计算值和选择的衰减方程拟合值分别如图 3-12(a)~(c)所示。

表 3-16 不同衰减方程拟合效果表

模型	方程类型	第一段		第二段		第三段	
		表达式	R^2	表达式	R^2	表达式	R^2
模型1	叠加指数型	$0.000\,42e^{(-5.2t)} + 0.000\,22e^{(-0.24t)} + 0.000\,17e^{(-0.004\,1t)}$	0.981	$0.000\,21e^{(-0.24t)} + 0.000\,16e^{(-0.004\,1t)}$	0.982		
	单一指数型	$0.000\,8e^{(-2.1t)}$	0.922	$0.000\,38e^{(-0.13t)}$	0.974	$0.000\,15e^{(-0.004\,1t)}$	0.992
	双曲线型	$0.000\,8/(1+12.1t)^{0.35}$	**0.994**	$0.000\,8/(1+0.05t)^{2.5}$	**0.995**	$0.000\,16/(1+0.01t)^{0.4}$	**0.997**
	直线型	$-0.001\,3t + 0.000\,8$	0.874	$-0.000\,048t + 0.000\,38$	0.992	$-0.000\,000\,7t + 0.000\,16$	0.991
模型2	叠加指数型	$0.004\,1e^{(-4.5t)} + 0.000\,32e^{(-0.36t)} + 0.001\,3e^{(-0.011t)}$	0.982	$0.000\,3e^{(-0.36t)} + 0.001\,2e^{(-0.011t)}$	0.981		
	单一指数型	$0.005\,4e^{(-2.26t)}$	0.973	$0.001\,5e^{(-0.07t)}$	0.992	$0.001e^{(-0.01t)}$	**0.996**
	双曲线型	$0.005\,7/(1+2.2t)^{1.3}$	**0.992**	$0.001\,5/(1+3.2t)^{0.04}$	**0.995**	$0.001/(1+0.1t)^{0.2}$	0.991
	直线型	$-0.008t + 0.005\,2$	0.931	$-0.000\,1t + 0.001\,5$	0.982	$-0.000\,009t + 0.001$	0.992

根据式(3-3)使用数值模型计算数据计算了两个模型衰减段的衰减系数,结果表明,衰减系数随着衰减时间的增加逐渐变小,变化速度由大变小,且两个模型的第一段衰减系数变幅均大于第二段,第二段的衰减系数变幅与第三段的接近。衰减系数在变小的过程中,有波动现象,即衰减系数有局部增加的情况,但不明显,而且波动比较均匀。

分析流量变化过程及表 3-16 和图 3-12(a)~(c)可以有以下几点认识:

① 双曲线方程对衰减曲线的第一段和第二段都能非常好地拟合,表明整个衰减过程中的衰减系数及其变化速度都是不断变小的,与使用式(3-3)的计算结果一致。

② 两个模型第一段开始衰减时 $Q(0)_1 e^{-\alpha_1 t}$ 均大于 $Q(0)_2 e^{-\alpha_2 t}$、$Q(0)_2 e^{-\alpha_2 t}$ 均大于 $Q(0)_3 e^{-\alpha_3 t}$,所以,叠加指数方程拟合时,拟合曲线的衰减系数变化曲线不会出现拐点,拟合效果较好。

③ 单一指数方程对第一段不如对第二段的拟合效果,第二段不如第三段的拟合效果。另外,使用单一指数方程对第一段中管道、裂隙单独衰减和第二段中

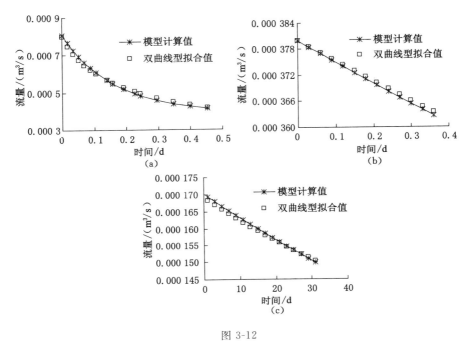

图 3-12

（a）第一段衰减曲线；（b）第二段衰减曲线；（c）第三段衰减曲线

的裂隙单独衰减进行拟合，两个模型拟合效果都非常好。

④ 直线型第二段的拟合效果好于第一段，第三段的拟合效果好于第二段，但总体上来看直线型拟合效果不如其他 3 个方程。

3.7　数值试验结果分析

上面从孔隙含水层的均质各向同性到非均质各向异性、从规则边界到非规则边界、从管道流态的层流到紊流、从单管到管网、从独立衰减系统到非独立衰减系统、从与外界有连续的水量交换到有非连续的水量交换几个方面进行了孔隙-管道型和孔隙-裂隙-管道型地下河流量衰减数值试验，共进行 28 次试验。试验中，根据数值计算结果分析了衰减系数及其变化速度的时变特征，并分别使用叠加指数型、单一指数型、双曲线型和直线型对各个衰减段进行了拟合。

3.7.1　衰减系数变化分析

（1）对于最简单的均质各向同性且与外界无水量交换的孔隙-单管系统来说，衰减系数仍具有时变特性，且衰减系数整体上随时间的增加而减小，尽管第一段的衰减时间较短,但第一段的衰减系数变幅仍大于第二段的衰减系数变幅,第二段的衰减系数变幅大于第三段。

(2)衰减系数整体上逐渐变小,对于最简单的均质各向同性且与外界无水量交换的孔隙-单管系统来说,衰减系数的波动很小。受非均质性、各向异性和与外界的水量交换等影响,局部波动现象有所增加,其中较强的非均质性、各向异性和降雨对衰减系数的波动影响较大,而与外流域通过含水层边界和管道底部的水量交换对衰减系数的波动的影响相对较小。

(3)衰减系数变化速度随时间变化特征与衰减系数本身变化特征相似。变化速度整体上也是逐渐变小的。

3.7.2 衰减方程形式分析

(1)从4种最常用的衰减方程的拟合效果对比可以看出,同一衰减方程在有些情况下拟合效果相对较好(相对于其他的3个方程),而在有些情况下拟合效果又相对不好。在所有进行的数值试验中,没有一个方程能在所有的情况下拟合效果都是最好的,尤其在由较强的非均质性、各向异性和降雨引起的衰减系数变化存有较大波动的情况下,4种方程的拟合效果全部下降,即在地下河系统中4个方程中的任何一个都不总能相对最好地描述流量衰减过程。

(2)在均质各向同性且没有通过落水洞对地下河管道直接补给的降雨的情况下,双曲线方程的拟合效果整体最好。如果再除了地下河管道有外流域的补给和排泄情况,叠加指数模型也有很好的拟合效果,叠加指数方程中的初始流量严格使用的是相应衰减初始时刻的流量,如果将方程中初始流量做一定的调整,即相当于方程中有4个参数,这样拟合效果会变好。单一指数方程的适应性较强,在前边两个方程效果都不理想的情况下,该方程仍能得到相对较好的拟合效果。直线方程的拟合效果整体最差。

(3)在均质各向同性和无降雨的条件下,各模型的拟合效果差别很小;在非均质各向异性或有降雨的条件下,各模型的拟合效果差别有所增加。地下河流域枯季降雨整体较少,但仍存在对流量衰减过程产生影响的降雨,从已有的枯季地下河流量观测资料中可以看出,降雨基本上总是在影响着流量衰减过程,而地下河系统水文地质参数的异质性又是客观存在的,所以,水文地质参数的非均质性、各向异性以及枯季降雨是影响衰减方程形式的最主要因素。

(4)单一指数方程的衰减系数为常数,与时间无关,其他所有衰减方程的衰减系数都与时间有关;另一方面,该方程在拟合流量衰减过程时,效果比较稳定,一般情况下,效果都是比较好的。所以,在分析水文地质条件与流量衰减系数的关系时,应使用单一指数方程的衰减系数,即名义衰减系数。

3.8 裂隙-管道型地下河系统物理试验

3.8.1 试验装置

以 Basic Hydrology System(以下简称 BHS)作为试验装置 1,装置长 2.2 m,宽 1 m,高 0.2 m。BHS 主要由以下部件构成:降雨系统、测压管、裂隙-管道模拟区、开采井和量水堰等。该装置结构如图 3-13 所示。降雨系统为试验提供降雨条件,采用 8 个旋转式喷头,可为模拟区提供均匀的降水,最大降雨强度可达到 30 L/min,最小为 3 L/min,喷头固定于模拟区上方 1.0 m 处,喷头对称排列成两排,每排间隔 0.5 m,每排均有 4 个喷头,形成 2 m×0.5 m 的降雨区。BHS 系统在进水口处配有浮子式雨量计,可读出模拟区内的降雨强度。出口流量采用量水堰测定,量水堰最大测流量为 0.35 L/s。使用 BHS 可方便地进行岩溶地下河系统流量衰减模拟。

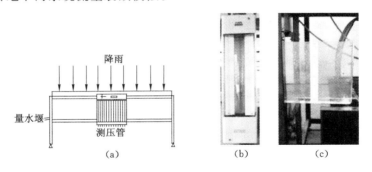

图 3-13

(a) BHS 系统侧视简图;(b) 雨强控制装置图;(c) 量水堰装置图

以河海大学国家重点实验室降雨大厅内的两个水泥试验槽作为试验装置 2,水泥试验槽的立体图和水位、流量测量装置如图 3-14 所示。水泥试验槽长

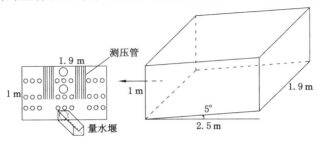

图 3-14 试验槽示意图

2.5 m,南北宽 1.9 m,深 1.0 m。在池底倾角为 5°(东高西低)。使用由有机玻璃制造的三角形薄壁堰进行出口流量测定,堰口倾角定为 20°,堰内水位采用自记式水位计自动测量。雨量利用实验室降雨大厅内配套供应的翻斗式雨量计测定,所有雨量计均连入大厅内自动采集装置。采用测压管测量试验槽内水位,每个试验槽布置了 15 根测压管,分别测定裂隙及管道中水位。

3.8.2　材料与方法

在试验装置 1 中使用了水泥砖和石灰岩薄板两种介质,去掉管道顶部的介质后,介质布置情况如图 3-15 所示。

(a)　　　　　　　　　　　　　　　(b)

图 3-15

(a)装置 1 中水泥砖布置图;(b)装置 1 中石灰岩薄板布置图

在装置 2 的水泥试验槽中使用的是南京汤山的石灰岩块,共 18 t,两个池子所用岩块基本一致。除了岩石介质之外,还使用了碎石土,碎石土用来模拟孔隙介质。两个水泥试验槽中的介质布置情况如图 3-16 所示。

图 3-16　水泥试验槽中石灰岩块布置图

装置 1 和装置 2 四周和底部均为隔水边界。进行试验时,以一定的雨强进行降雨,直到出口流量稳定并持续一段时间后结束降雨,测定出口流量过程,降雨结束后,不再次进行任何强度的降雨。通过设置不同的介质布置方案和雨强,进行多次试验,分析衰减系数的时变特性及衰减方程的形式。

3.8.3 结果及分析

装置 1 中,根据介质布置的不同共进行 10 组试验,每一组内取 10 种不同的雨强,分别进行试验,共得到有效试验结果 100 个,约 91% 的结果中流量衰减曲线中可以分成两段,其他结果中仅有 1 段,分成 1 段是由于雨强太小,裂隙介质中的水位与管道水位差别很小,裂隙向管道的补给过程不明显。装置 1 的试验基本情况见表 3-17。图 3-17(a)和(b)分别为第 1 组和第 5 组流量衰减过程拟合。

表 3-17 　　　　　　　　　　　**装置 1 试验基本情况表**

组数	材料	地下河类型	裂隙率/%	管道参数 (长×宽×高) /(cm×cm×cm)	雨强/(L/min)
1	薄石灰石板	裂隙-管道	27.1	200×15.2×2.9	
2	薄石灰石板	裂隙-管道	29.0	200×9.0×3.5	
3	薄石灰石板	裂隙-管道	32.7	200×22.5×3.0	
4	薄石灰石板	裂隙-管道	31.5	200×21.5×2.7	
5	水泥砖	裂隙-管道	3.01	200×7.3×9.6	3,4,4.8,6.6,
6	水泥砖	裂隙-管道	2.17	200×18.5×9.6	7.7,9.2,10.7,
7	水泥砖	裂隙-管道	3.49	200×7.0×9.6	12.3,14.4,16
8	水泥砖	裂隙-管道	5.14	200×6.2×9.6	
9	水泥砖	裂隙-管道	7.62	200×3.8×9.5	
10	水泥砖	裂隙-管道	6.37	200×4.8×9.4	

装置 2 中,根据介质布置的不同共进行两组试验(第 11 组和第 12 组),每一组内取 3 种不同的雨强,分别进行试验,得到有效试验结果 6 个,其中第 11 组的流量衰减曲线可以分成两段,第 12 组的流量衰减曲线可以分成 3 段。装置 2 的基本情况见表 3-18,图 3-18(a)和(b)分别为第 11 组和第 12 组流量衰减过程拟合。

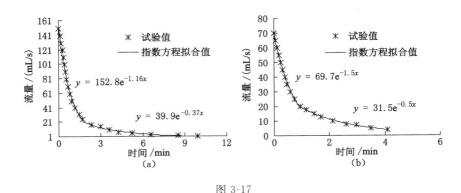

图 3-17

（a）雨强为 10.7 L/min 时的衰减过程；（b）雨强为 4.8 L/min 时的衰减过程

表 3-18   装置 2 试验基本情况表

组数	材料	地下河类型	空隙率/%	管道参数 （长×宽×高） /(cm×cm×cm)	雨强/(mm/min)
11	石灰岩块	裂隙-管道	36.1	200×15.2×2.9	4.2,6.3,7.1
12	石灰岩块＋碎石土	孔隙-裂隙-管道	22.5	200×9.0×3.5	

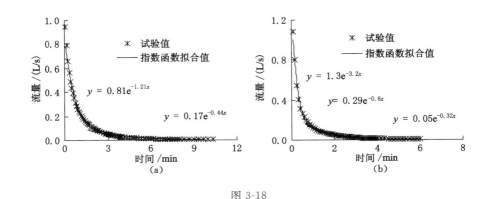

图 3-18

（a）雨强为 6.3 mm/min 时的流量衰减过程；（b）雨强为 4.2 mm/min 时的流量衰减过程

　　装置 1 和装置 2 中共得到 107 个有效试验结果，第一衰减段 107 个，第二衰减段 97 个，第三衰减段 3 个，衰减系数值共 207 个。根据式（3-3）计算了这些衰减系数随时间的变化规律，结果表明，衰减系数整体上随时间增加而变小，其中，第一衰减段的衰减系数变幅大于第二衰减段，第二衰减段的衰减系数变幅大于

第三段。部分试验结果中,第二段或者第三段中的衰减系数随时间变化很小,这是由于这些试验中的雨强较小,形成的管道周围介质中的水位相对较低,最终引起了衰减过程中来自于周围介质中的流量变化很小。

衰减系数整体上随时间增加而变小,但在每一个衰减系数的变化过程中是存在波动的,在某些时刻衰减系数有增加的现象。这些波动一方面是由于测量误差引起的,另一方面可能是由于介质的非均质性和各向异性引起的。

使用叠加指数型、单一指数型、双曲线型和直线型对 207 个衰减段进行拟合分析,分析结果表明,同一衰减方程在有些情况下拟合效果相对较好(相对于其他的 3 个模型),而在有些情况下拟合效果又相对不好。4 个方程中任何一个都不总能准确刻画流量衰减过程。

分别计算每一个衰减段的 4 种衰减方程的 R^2,按照衰减段和衰减方程的不同,统计 R^2 求平均值及最大最小值,统计结果如表 3-19 所列。

表 3-19 　　　　　　　　　　　　**R^2 统计结果表**

衰减方程类型	第一段			第二段			第三段		
	最大值	最小值	平均值	最大值	最小值	平均值	最大值	最小值	平均值
叠加指数型	0.99	0.87	0.97	0.99	0.85	0.97	1	0.89	0.99
单一指数型	1	0.88	0.95	1	0.81	0.95	1	0.91	0.96
双曲线型	1	0.75	0.97	1	0.91	0.97	1	0.93	0.98
直线型	0.94	0.67	0.77	0.97	0.66	0.83	0.95	0.66	0.79

从表 3-19 可以看出,前 3 种衰减方程的最大和平均 R^2 值基本一致,而直线方程最大和平均 R^2 值较小。4 种方程的最小 R^2 值差别较大。单一指数衰减方程的最大、最小和平均 R^2 值都是相对不错的。

3.9　小结

(1)分析了衰减方程形式不统一的三个原因。第一个原因是还没有岩溶多重介质含水层流量衰减的理论解;第二个原因是流量衰减过程受复杂的水文地质条件影响,通过观测数据难以识别模型和分析原因;第三个原因是枯季降雨对流量衰减过程的影响。

(2)定义了流量衰减分析的 2 种衰减系数:瞬时衰减系数和名义衰减系数。瞬时衰减系数用来刻画流量衰减的时变特征,给定时间段内的名义衰减系数与时间无关。

（3）提出了新叠加指数衰减方程，该方程在衰减转折点处不存在跳跃现象。分析了6种衰减方程（单一指数型、新叠加指数型、双曲线型、直线型、混合方程和广义数学模型Ⅰ）的衰减系数的时变特征，包括衰减系数随时间的变化和衰减系数变化速度随时间的变化特征，同时指出了不同方程下的衰减系数变化曲线是否存在拐点。

（4）从孔隙含水层参数的均匀性和方向性、系统边界形状、管道的层流和紊流、单管条件、管网条件和与外界是否有水量交换以及交换的方式、部位等方面，针对孔隙-管道型和孔隙-裂隙-管道型地下河系统进行了枯季流量衰减数值试验和物理试验。数值试验和物理试验结论基本一致：一般情况下，衰减系数及其变化速度随时间的增加而变小；4种常用的衰减方程中的任何一个都不总能相对最好地描述流量衰减过程；在均质各向同性且没有通过落水洞对地下河管道直接补给的降雨的情况下，双曲线方程的拟合效果整体最好；单一指数方程的适应性较强，在其他方程效果都不理想的情况下，该方程仍能得到相对较好的拟合效果，在分析水文地质条件与流量衰减系数的关系时，应使用单一指数方程的衰减系数，即名义衰减系数；直线方程的拟合效果整体最差；水文地质参数的非均质性、各向异性以及枯季降雨是影响衰减方程形式的最主要因素。

4　衰减系数与地下河系统特征的关系

4.1　概述

第 3 章通过数值模型和物理试验分析了不同条件下衰减方程的形式,结果表明,单一指数方程拟合不同衰减阶段的流量过程效果相对较好,尤其在拟合效果稳定性方面优于其他方程。单一指数方程使研究具有时变特性的衰减系数与水文地质参数等因素之间的关系成为可能,即利用单一指数方程对应的常数衰减系数(名义衰减系数)代替衰减过程中变化的衰减系数。

本章将主要使用第 2 章建立的数值模型研究理想条件下衰减系数与孔隙、管道和裂隙特征之间的关系。本章无特殊说明,衰减系数均指名义衰减系数。

4.2　衰减系数与孔隙含水系统特征的关系

4.2.1　衰减系数与孔隙介质渗透系数的关系

计算的概念模型如图 3-1 所示,为立方体含水层。模型计算参数如表 3-2 所列,孔隙介质渗透系数与表 3-2 不同,渗透系数及衰减含水层厚度等见表 4-1。衰减含水层厚度是整个衰减过程开始时的孔隙含水层平均厚度,衰减计算时间是整个衰减过程持续的时间,以管道顶部孔隙含水层厚度减小到 1 m 左右为衰减结束时间,也即在整个衰减过程中管道上部一直与孔隙含水层有水量交换。从计算开始的一定时间内保持雨强不变,然后停止降雨,分析流量衰减曲线。

表 4-1　　　　　　　　　　模型其他参数表

模型编号	孔隙介质渗透系数/(m/d)	衰减含水层厚度/m	衰减计算时间/d
1	0.03	29.7	151.8
2	0.1	29.7	105.8
3	0.5	29.6	73.6

模型编号	孔隙介质渗透系数/(m/d)	衰减含水层厚度/m	衰减计算时间/d
4	0.9	29.5	39.3
5	1.25	29.4	23.8
6	1.5	29.4	22.5
7	1.75	29.3	18.8
8	2	29.3	16.3
9	3	29.2	14.5

模型 1 中由于渗透系数较小,在第二段衰减的后期,管道部分计算单元出现了层流。9 个模型的衰减含水层厚度基本相同,衰减计算时间随着渗透系数的增加而变小。衰减系数与渗透系数及管道流量系数的关系分别如图 4-1(a)～(e)所示,其中的管道流量系数定义为在第一段衰减的初始时刻,系统出口流量与管道流量之比,即:

$$\beta = \frac{Q_{出口}}{Q_{管道}} \tag{4-1}$$

式中,β 为管道流量系数;$Q_{出口}$ 为第一段衰减的初始时刻,也就是整个系统开始衰减的初始时刻的系统出口流量,包括管道流量 $Q_{管道}$ 和孔隙介质对管道的补给量。管道流量系数反映了在衰减初始时刻的管道流量占整个流量的大小,且 $\beta > 1$。对于孔隙-管道型地下河系统,当 $1 < \beta < 2$ 时,表示管道衰减初始流量大于孔隙水向管道的补给量;当 $\beta > 2$ 时,表示管道衰减初始流量小于孔隙水向管道的补给量。管道流量衰减过程对应的名义衰减系数为管道衰减系数。

第一段衰减系数 α_1 与渗透系数呈幂函数关系[图 4-1(a)],α_1 随着渗透系数的增加而减小,这可能是孔隙向管道补给量的增加,减缓了第一段衰减的速度,最终引起衰减系数的减小。9 个模型中,由于雨强、降雨持续时间、孔隙和管道的初始条件均相同,在衰减的初始时刻管道流量基本相同,出口流量是逐渐变大的,在这样的条件下,α_1 与管道流量系数 β 呈幂函数关系,α_1 随着管道流量系数的增加而减小[图 4-1(b)],也就是说当管道衰减初始流量相同的条件下,随着相应的出口流量的增加,衰减系数变小,原因与图 4-1(a)相同。管道衰减系数与渗透系数的幂函数关系不是很好[图 4-1(c)],整体上管道衰减系数随着渗透系数的增加而变小,原因与图 4-1(a)相同。

第二段衰减系数 α_2 与渗透系数呈明显的直线关系[图 4-1(d)],α_2 随着渗透系数的增加而增加。直线截距为 0,说明当渗透系数趋于 0 时,衰减系数趋于 0,这符合一般认识。衰减系数具有时变特性,不同的衰减计算时间得到的衰减系

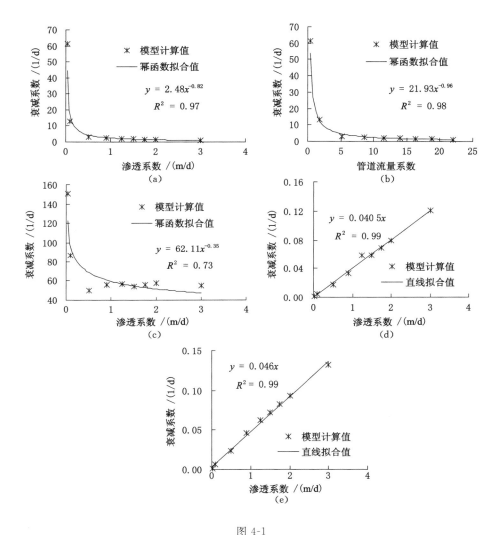

图 4-1

(a) α_1 与渗透系数的关系；(b) α_1 与管道流量系数的关系；

(c) 管道衰减系数与渗透系数的关系；(d) α_2 与渗透系数的关系；

(e) α_2 与渗透系数的关系(10 d)

数是不同的,名义衰减系数同样和衰减计算时间有关,图 4-1(e)是第 9 个模型第二段衰减都持续到第 10 天时的衰减系数 α_2 与渗透系数的关系,此时,两者的关系同样为直线关系,这说明,时变特性对衰减系数 α_2 与渗透系数的直线关系基本没有影响。

4.2.2 衰减系数与给水度的关系

计算的概念模型如图 3-1 所示,为立方体含水层。模型计算参数如表 3-2 所列,渗透系数、给水度和初始含水层厚度与表 3-2 不同。6 个模型渗透系数均为 0.5 m/d,给水度、初始含水层厚度和衰减含水层厚度等见表 4-2。从计算开始的一定时间内保持雨强不变,然后停止降雨,分析流量衰减曲线。

表 4-2 模型其他参数表

模型编号	给水度	初始含水层厚度/m	衰减含水层厚度/m	衰减计算时间/d
1	0.03	14.2	16.4	6.4
2	0.07	15.3	16.2	14.8
3	0.1	15.8	16.5	21.9
4	0.2	16.0	16.3	42.8
5	0.25	16.1	16.3	54.1
6	0.35	16.1	16.3	75.6

6 个模型的初始衰减时刻含水层厚度基本相同,衰减计算时间随着给水度的增加而增加。衰减系数与给水度的关系如图 4-2(a)和(b)所示。

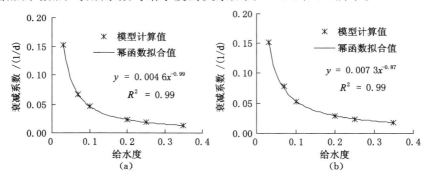

图 4-2

(a) α_2 与给水度的关系;(b) α_2 与给水度的关系(5 d)

第二段衰减系数 α_2 与给水度呈明显的幂函数关系[图 4-2(a)],α_2 随着给水度的增加而减小,即给水度的增加使得含水层水量的相对下降速度减小。图 4-2(b)是 6 个模型的第二段衰减时间分别到第 5 天时的衰减系数 α_2 与给水度的关系,同样为幂函数关系,说明,α_2 与给水度的幂函数关系在不同的衰减计算时间下都是成立的。

6 个模型计算出的第一段衰减系数 α_1 基本没有什么变化,α_1 与给水度、管道流量系数的关系不明显。管道衰减系数与给水度有幂函数关系,但拟合效果不好。这一方面可能与第一段衰减的计算时间较短有关,第一段衰减时间短的只有 2～3 h,长的可以有 1～2 d;另一方面可能给水度本身对 α_1 及管道衰减系数的影响很小,后面将通过灵敏度计算分析给水度影响的大小。

4.2.3　衰减系数与含水层衰减厚度的关系

计算的概念模型如图 3-1 所示,为立方体含水层。模型计算参数如表 3-2 所列,渗透系数、初始含水层厚度和降雨历时与表 3-2 不同,9 个模型渗透系数均为 0.5 m/d,初始含水层厚度和降雨历时等见表 4-3。从计算开始后的降雨历时时间内保持雨强不变,然后停止降雨,分析流量衰减曲线。

表 4-3　　　　　　　　　　　　模型其他参数表

模型编号	初始含水层厚度/m	降雨历时/min	衰减含水层厚度/m	衰减计算时间/d
1	4	200	4.6	0.5
2	4	400	5.3	0.8
3	4	800	6.7	1.7
4	8	200	8.6	3.9
5	8	800	10.6	6.7
6	14	200	14.6	15.9
7	14	800	16.5	27.4
8	20	200	20.6	41.2
9	29	200	29.6	73.6

9 个模型的衰减计算时间随着含水层衰减厚度的增加而增加。衰减系数与含水层衰减厚度及管道流量系数的关系如图 4-3(a)～(e)所示。

第一段衰减系数 α_1 与含水层衰减厚度呈幂函数关系[图 4-3(a)], α_1 随着衰减厚度的增加而减小。尽管 9 个模型中降雨历时和初始含水层厚度不同,但计算出的管道衰减初始流量是基本相同的,并且 α_1 与管道流量系数呈幂函数关系[图 4-3(b)], α_1 随着管道流量系数的增加而减小。管道衰减系数与含水层衰减厚度的幂函数关系不是很好[图 4-3(c)],整体上管道衰减系数随着含水层衰减厚度的增加而变大。这些都是由于含水层厚度的增加进而增加了孔隙向管道的补给量,最终引起了第一段流量相对变化速度的下降。

第二段衰减系数 α_2 与含水层衰减厚度明显呈幂函数关系[图 4-3(d)], α_2 随着衰减厚度的增加而减小,图 4-3(e)是 9 个模型的第二段衰减时间分别到第 0.3 天时的衰减系数 α_2 与含水层衰减厚度的关系,同样为幂函数关系,说明, α_2 与含

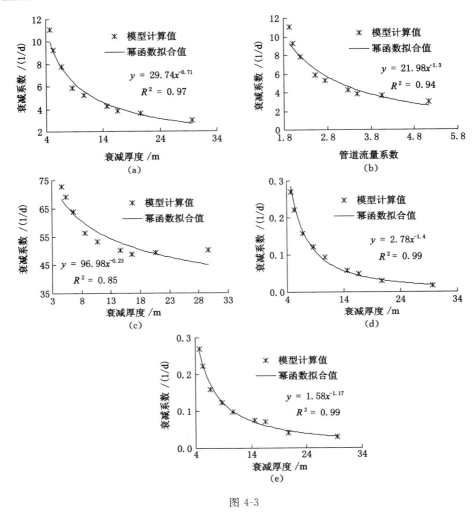

图 4-3

（a）α_1 与衰减厚度的关系；（b）α_1 与管道流量系数的关系；

（c）管道衰减系数与衰减厚度的关系；（d）α_2 与衰减厚度的关系；

（e）α_2 与衰减厚度的关系（0.3 d）

水层衰减厚度的幂函数关系在不同的衰减计算时间下都是成立的。

4.2.4 衰减系数与研究区宽度及面积的关系

计算的概念模型如图 3-1 所示，为立方体含水层。模型计算参数如表 3-2 所列，渗透系数和研究区宽度（模型宽度）与表 3-2 不同，7 个模型渗透系数均为 0.5 m/d，研究区宽度等见表 4-4。从计算开始的降雨历时内保持雨强不变，然后停止降雨，再经过 1.5 d，进行第二次降雨，降雨停止后，分析流量衰减曲线。

模型编号	研究区宽度/m	研究区面积/km²	衰减含水层厚度/m	衰减计算时间/d
1	20	0.02	21.6	7.1
2	30	0.03	22.7	11.4
3	60	0.06	23.8	20.9
4	100	0.10	25.3	34.5
5	140	0.14	26.1	47.2
6	180	0.18	26.3	59.2
7	210	0.21	26.4	70.6

表 4-4　　　　　　　　　　　　模型其他参数表

研究区的宽度变化较大,衰减开始时的含水层厚度没有完全相等,但其值变化情况相比研究区宽度的变化是较小的,不会影响分析研究区宽度、面积与衰减系数的关系。衰减计算时间随着研究区宽度的变大而变大。衰减系数与研究区宽度、研究区面积及管道流量系数的关系如图 4-4(a)～(h)所示。

研究区宽度、面积不断变大的 7 个模型中,前 5 个模型衰减后第 5 天的衰减系数 α_2 略大于最后衰减计算时间的衰减系数 α_2,对比单一指数型和直线型对第二段流量衰减过程曲线的拟合效果发现,直线型拟合的 R^2 为 0.998,而单一指数型为 0.984,直线型比单一指数型效果略好(直线型对应的衰减系数是随时间的增加而变大的),但这不影响研究区宽度、面积与衰减系数的关系。

第一段衰减系数 α_1 与研究区宽度、面积均呈幂函数关系[图 4-4(a)、(b)],α_1 随着研究区宽度、面积的增加而减小。因为研究区的长度不变,当 α_1 与研究区宽度呈幂函数关系时,也必与面积呈幂函数关系,且幂指数相等。7 个模型中降雨过程相同,所以管道衰减初始流量是基本相同的,α_1 与管道流量系数呈幂函数关系[图 4-4(c)],α_1 随着管道流量系数的增加而减小,从图 4-4(c)和表 4-4 可以看出,当模型宽度增加到 100 m,再增加模型宽度时,第一段衰减开始时刻的孔隙水向管道的补给量基本保持不变,即总流量基本相同,管道流量系数也就基本相同了。管道衰减系数与研究区宽度的函数关系不明显[图 4-4(d)]。

第二段衰减系数 α_2 与研究区宽度、面积均呈幂函数关系[图 4-4(e)、(f)],α_2 随着研究区宽度和面积的增加而减小。图 4-4(g)、(h)是 7 个模型的第二段衰减时间分别到第 5 天时的衰减系数 α_2 与研究区宽度、面积的关系,同样为幂函数关系,说明,α_2 与研究区宽度、面积的幂函数关系在不同的衰减计算时间下都是成立的。

4.2.5　灵敏度分析

计算第 k 个参数的灵敏度系数的无量纲形式为:

$$X_k = \{[y(\alpha_k + \Delta\alpha_k) - y(\alpha_k)]/y(\alpha_k)\}/(\Delta\alpha_k/\alpha_k) \tag{4-2}$$

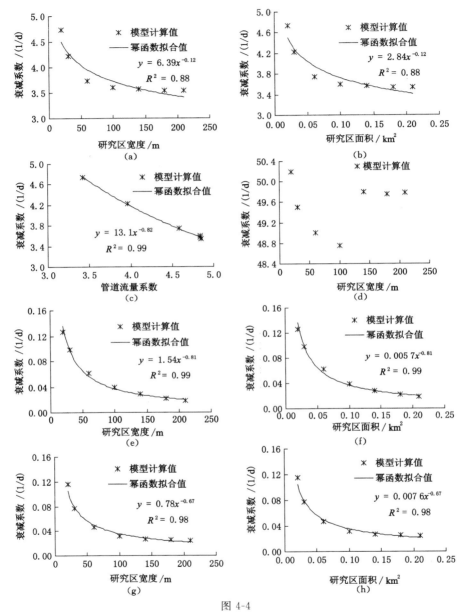

图 4-4

（a）α_1 与研究区宽度的关系；（b）α_1 与研究区面积的关系；

（c）α_1 与管道流量系数的关系；（d）管道衰减系数与研究区宽度的关系；

（e）α_2 与研究区宽度的关系；（f）α_2 与研究区面积的关系；

（g）α_2 与研究区宽度的关系（5 d）；（h）α_2 与研究区面积的关系（5 d）

式中，X_k 为第 k 个参数的灵敏度系数；α_k 为第 k 个参数的取值，$\Delta\alpha_k$ 为其变化量；y 为系统输出值，在这里指衰减系数。

使用 4.2.1～4.2.4 中的数值模型结果分别计算渗透系数、给水度和含水层衰减厚度、研究区宽度和研究区面积的灵敏度系数。因为参数与衰减系数的关系只有幂函数和截距为 0 的直线两种，而这两种函数中参数的灵敏度系数可以得到通式，设幂函数的表达式为：

$$y = ax^b \tag{4-3}$$

令 $\Delta x = \varepsilon x$，$|\varepsilon| < 1$，式(4-3)结合式(4-2)可以得到幂函数中 x 的灵敏度系数为：

$$\frac{(1+\varepsilon)^b - 1}{\varepsilon} \tag{4-4}$$

式(4-4)的正负与 ε 和 b 的正负有关，而与 a 无关。

设截距为 0 的直线方程表达式为：

$$y = ax \tag{4-5}$$

同样，令 $\Delta x = \varepsilon x$，式(4-5)结合式(4-2)可以得到截距为 0 的直线方程中 x 的灵敏度系数值为常数 1，与 x 的变幅 ε 和直线的斜率 a 均无关。

尽管每一组数值模型的第二段衰减系数与相应参数的函数关系不因衰减计算时间的变化而变化，但函数关系中的系数值是会发生变化的，这对于衰减系数与参数之间是幂函数关系的情况，将导致不同的衰减计算时间会得到不同的灵敏度系数，也就是说，由于衰减系数的时变特性引起了相应的灵敏度系数的时变特性。传统的灵敏度系数的计算公式(4-2)不能考虑时变特性，需引入新的灵敏度计算公式，在式(4-2)的基础上定义平均灵敏度系数的计算公式：

$$X_k^* = \frac{1}{n}\sum_{t=1}^{n} X_t = \frac{1}{n}\sum_{t=1}^{n}\left\{\left(\left[y_t(\alpha_k + \Delta\alpha_k) - y_t(\alpha_k)\right]/y_t(\alpha_k)\right)/(\Delta\alpha_k/\alpha_k)\right\}$$

$$\tag{4-6}$$

式中，X_k^* 为平均灵敏度系数；n 为选取的计算时刻数；X_t 为衰减后的 t 时刻第 k 个参数的灵敏度系数；y_t 为衰减后的 t 时刻的系统输出值，在这里为 t 时刻的衰减系数。当灵敏度系数没有时变特性时，式(4-6)与式(4-2)的结果是相同的。

式(4-6)中 n 的确定是比较困难的，一方面，在研究某个参数的灵敏度时，不同参数取值的模型，相应的最大衰减时间是不同的；另一方面，衰减系数随时间的变化不是线性的，具有非线性特征。在 4.2.1～4.2.4 的所有的数值模型中，第一段衰减的时间差别较小，仅采用衰减计算时间对应的时刻计算灵敏度系数，此时，式(4-6)中 $n=1$；第二段衰减时间差别较大，除了采用衰减计算时间对应的时刻之外，还采用每一组模型中的最小的衰减计算时间作为第二个计算时刻，此时，式(4-6)中 $n=2$。

各参数的变幅均取 10%，灵敏度系数计算结果如表 4-5 所列。

表 4-5   灵敏度系数表

参数	渗透系数		给水度		含水层衰减厚度		研究区宽度		研究区面积	
	一段	二段	一段	二段	一段	二段	一段	二段	一段	二段
灵敏度系数	-0.75	1	非常小	-0.85	-0.65	-1.15	-0.11	-0.68	-0.11	-0.68

各参数对第一段衰减系数的灵敏度系数绝对值的大小关系为：渗透系数的灵敏度系数＞含水层衰减厚度的灵敏度系数＞研究区宽度的灵敏度系数＝研究区面积的灵敏度系数＞给水度的灵敏度系数。其中，渗透系数和含水层衰减厚度对 α_1 的灵敏度系数相对较大，而其他三个参数相对较小，对 α_1 的灵敏度系数比较明显地可以将参数分成两组。研究区宽度和研究区面积的灵敏度系数相等是由于所采用的数值模型的长度是相同的，当模型的长度和宽度不等时，两者的灵敏度系数不一定相等，但应比较接近。给水度对 α_1 的灵敏度系数最小，这与 4.2.2 中给水度变化条件下，α_1 及管道衰减系数变化很小的现象是一致的。

各参数对第二段衰减系数的灵敏度系数绝对值的大小关系为：含水层衰减厚度的灵敏度系数＞渗透系数的灵敏度系数＞给水度的灵敏度系数＞研究区宽度的灵敏度系数＝研究区面积的灵敏度系数。这 5 个参数对 α_2 的灵敏度系数的差别不如对 α_1 的明显。

5 个参数对 α_2 的灵敏度系数均大于相应的 α_1 的灵敏度系数，即对孔隙介质本身衰减的影响要大于对其中的管道衰减的影响，尤其是给水度更加明显。

表 4-5 是根据数值方法求解理想概念模型得到的结果并使用式(4-6)计算得出的，而标准的灵敏度分析是从某个具体数学表达式出发，使用式(4-6)计算得出的。虽然表 4-5 是使用数值模型计算得出的，但这不会影响其可靠性，因为尽管还不知道孔隙-管道衰减模型的衰减系数与水文地质参数之间关系的具体数学表达式，但这种关系应该是存在的，数值模型的计算结果代替了这种具体数学表达式的计算结果，使用数值模型得到的结果和使用具体的数学表达式得到的结果在某种误差范围内应是一致的。

4.2.6 与排水沟模型衰减规律的对比分析

Boussinesq(1877)建立了无压含水层非稳定流条件下排水沟问题的数学模型，并通过线性化处理得到了模型的解析解，由该解得到的含水层向沟渠排泄量

的衰减系数是用来分析含水层衰减问题的最常用公式,衰减系数的表达式如式(4-7)所示:

$$\alpha = \frac{\pi^2 KH}{4\varphi L^2} \tag{4-7}$$

式中,φ 为有效孔隙度(给水度);H 为衰减时刻初含水层水位和河流水位的平均值;K 为渗透系数。式(4-7)定量刻画了衰减系数与含水层参数的关系。

首先对比分析式(4-7)和孔隙-管道衰减模型中的水文地质参数与衰减系数 α_2 的关系。

由式(4-7)可知,渗透系数与衰减系数之间符合直线关系,直线的斜率大于0,截距为0,这与4.2.1中的渗透系数与第二段衰减系数 α_2 的关系是一致的。

式(4-7)中,衰减系数与给水度是幂函数关系,且是负相关关系,这与4.2.2中的第二段衰减系数 α_2 与给水度的关系是一致的。

Boussinesq(1877)模型假定水流为垂直于沟渠的水平一维运动,含水层各点具有相同的初始水位。式(4-7)采用的是导水系数为常数的线性化方法,要求在研究时段内含水层的厚度变化不应太大,或者说厚度变化值相对于含水层的厚度是较小的,这说明式(4-7)只能在相对不长的时间内使用,如果时间较长,导水系数变化较大,则衰减系数值将失去意义。在模型有效的时间段内,衰减系数随 H 的变大而变大,是正相关关系。而在4.2.3中分析的第二段衰减系数 α_2 随着孔隙含水层厚度变大而变小,是负相关关系,这与式(4-7)是完全相反的,这个差别的原因可能是水流运动方式的不同:Boussinesq(1877)模型中孔隙水流运动为一维流或者平面二维流,而在地下河系统中,水流是三维流动,在孔隙-管道模型当中,地下河整体基本上一直处于孔隙含水层的内部,而 Boussinesq(1877)模型中沟渠则与孔隙含水层仅在河床有水力联系。

含水层越厚,那么含水层与管道的水力坡度越大,对管道水的直接补给量越大,出口流量就越大;含水层越厚,就越容易形成指向管道轴线的水力坡度,那么就会增加较远处的含水层向管道附近含水层的补给量,降低孔隙水对管道水直接补给量减小的速度。这两个方面似乎可以说明含水层越厚衰减系数越小,但Boussinesq(1877)模型和孔隙-管道模型都存在这种现象,所以这种分析是不正确的。

下面对比分析对 α_2 的灵敏度系数方面的规律。

由式(4-2)可得到式(4-7)中的渗透系数 K 和含水层平均厚度 H 的灵敏度系数均为1,即:

$$X_K = 1, X_H = 1 \tag{4-8}$$

给水度的变化量为 $\Delta\varphi$,令 $\Delta\varphi = \varepsilon\varphi$,可得到给水度的灵敏度系数:

$$X_\varphi = -\frac{1}{1+\varepsilon} \tag{4-9}$$

由 $0 < \varepsilon < 1$，可知，$X_K = X_H > |X_\varphi|$，这与孔隙-管道衰减模型中的灵敏度系数的规律是有差别的。孔隙-管道衰减模型中的含水层衰减厚度对 α_2 的灵敏度系数是大于 1 的。

4.2.7 不同孔隙介质渗透系数和给水度组合时的衰减系数

前面分别计算了单个参数(渗透系数、给水度、含水层衰减厚度、含水层宽度)变化条件下的衰减系数变化情况，下面计算当渗透系数、给水度、含水层衰减厚度发生变化而含水层宽度保持不变的条件下衰减系数变化情况。

计算的概念模型如图 3-1 所示，为立方体含水层。模型计算参数如表 3-2 所列，渗透系数和给水度与表 3-2 不同，这两个参数的取值见表 4-6。从计算开始后的降雨历时时间内保持雨强不变，然后停止降雨，分析流量衰减曲线。

表 4-6　　　　　　　　　　　　模型其他参数表

模型编号	孔隙介质渗透系数/(m/d)	给水度	衰减含水层厚度/m	衰减计算时间/d
1	0.01	0.008	38.2	146.2
2	0.03	0.01	36.3	146.6
3	0.1	0.03	31.4	111.1
4	0.5	0.08	29.7	53.8
5	0.9	0.12	29.4	41.2
6	1.2	0.13	29.1	32.3

6 个模型的衰减计算时间逐渐减小。不同模型衰减系数变化情况如图 4-5(a)～(e)所示。

6 个模型中的第一段衰减系数 α_1 是逐渐变小的[图 4-5(a)]，渗透系数和给水度逐渐变大是主要原因，虽然衰减含水层厚度是逐渐减小的，但一方面其对 α_1 灵敏度系数小于渗透系数对 α_1 的灵敏度系数，另一方面，衰减含水层的厚度变化较渗透系数和给水度的变化小很多，所以，衰减含水层厚度的逐渐减小对衰减系数的影响是次要的。α_1 与管道流量系数呈幂函数关系[图 4-5(b)]，α_1 随着管道流量系数的增加而减小。6 个模型中管道衰减系数整体是下降的[图 4-5(c)]，模型 5 和模型 6 中出现了上升的情况。

第二段衰减系数 α_2 是逐渐增加的[图 4-5(d)]，图 4-5(e)是 6 个模型的第二段衰减时间分别到第 28 天时的衰减系数变化情况，同样是逐渐增加的，说明，在不同的衰减计算时间下不同模型的 α_2 都是逐渐增加的。

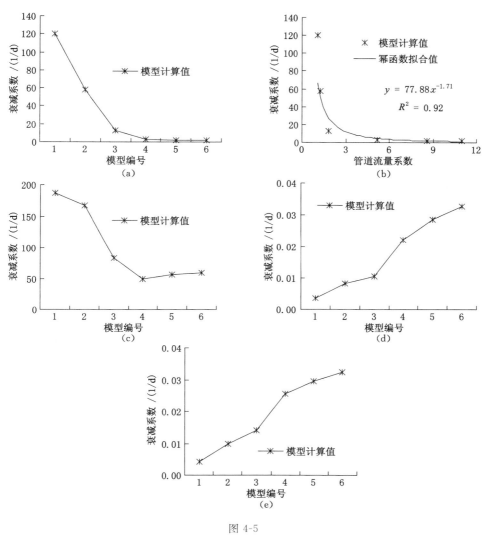

图 4-5

（a）不同模型 α_1 的变化；（b）α_1 与管道流量系数的关系；

（c）不同模型的管道衰减系数变化；（d）不同模型 α_2 的变化；

（e）不同模型 α_2 的变化（28 d）

4.2.8　孔隙介质有补给（排泄）时的衰减系数变化情况

计算的概念模型如图 3-1 所示，为立方体含水层，模型计算参数如表 3-2 所列。7 个模型中，在含水层的上部、左侧、右侧、下部均有不同强度的补给（排泄），补给（排泄）不发生在管道底部。模型其他参数取值见表 4-7。

表 4-7 模型其他参数表

模型编号	非独立衰减类型	衰减时的厚度/m	衰减计算时间/d	备注
1	补给	25.1	146.1	模型 1～3 的补给量逐渐减小，模型 5～7 的排泄量逐渐增加
2	补给	24.4	48.3	
3	补给	23.8	31.7	
4	无补给和排泄	23.2	59.5	
5	排泄	22.8	51.2	
6	排泄	18.6	43.8	
7	排泄	17.7	38.8	

从计算开始的一定时间内保持雨强不变，然后停止降雨，再分别经过 10.5 d，进行第二次降雨，降雨停止后，分析流量衰减曲线。

7 个模型中的第一段衰减系数 α_1 和管道衰减系数均出现无规律波动 [图 4-6(a)、(b)]，也就是说，管道流量衰减过程受孔隙介质补给和排泄的影响较小。

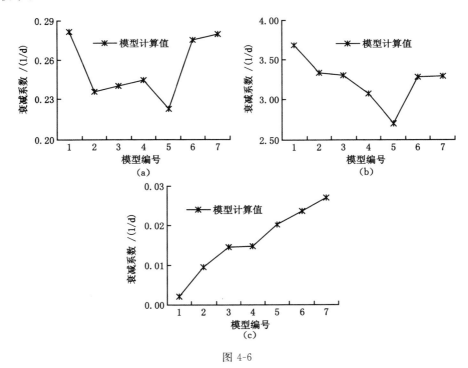

图 4-6

(a) 不同模型 α_1 变化；(b) α_1 与管道流量系数的关系；(c) 不同模型 α_2 变化

第二段衰减系数 α_2 是逐渐增加的[图 4-6(c)]，说明对孔隙含水层补给将减小衰减系数，对孔隙含水层的排泄将增加衰减系数。

4.3　衰减系数与管网密度的关系

计算的概念模型如图 3-1 所示，为立方体含水层，不同的是管道的条数和分布发生了变化，见图 4-7，图中圆圈代表落水洞，各模型的管道密度值见表 4-8。模型计算参数如表 3-2 所列，模型其他参数取值见表 4-8。从计算开始的降雨历时内保持雨强不变，然后停止降雨，降雨停止后，分析流量衰减曲线。

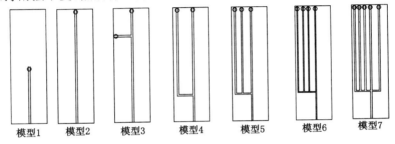

图 4-7　各模型管道分布图

表 4-8 <center>模型其他参数表</center>

模型编号	衰减含水层厚度/m	衰减计算时间/d	管道密度/(m/km²)
1	29.6	83.2	1 667
2	29.6	72.1	3 267
3	29.5	22.6	3 700
4	29.4	20.6	6 200
5	29.3	16.9	8 700
6	29.3	13.8	11 200
7	29.3	11.7	14 033

7 个模型的衰减计算时间逐渐减小。衰减系数与管网密度的关系如图 4-8(a)～(d)所示。

第一段衰减系数 α_1 与管网密度呈幂函数关系[图 4-8(a)]，α_1 随着管网密度的增加而减小，管道衰减系数与管网密度也呈幂函数关系，管道衰减系数随着管网密度的增加而减小[图 4-8(b)]。7 个模型中，雨强和降雨时间相同且落水洞的个数逐渐增加，随着管网密度的增加，孔隙水向管道的补给量也在增加，所以，在第一段衰减开始时的出口流量及管道流量都是逐渐增加的,且增加较为明显。第一段衰减系数 α_1 和管道衰减系数的增加也说明了初始衰减流量较大,相应的衰减系数也较大。

第二段衰减系数 α_2 与管网密度呈直线关系,随着管网密度的增加而增加[图 4-8(c)],管网密度的增加加快了孔隙水的排泄速度。图 4-8(d)是 7 个模型的第二段衰减时间分别到第 10 天时的衰减系数变化情况,同样是线性增加的,说明,在不同的衰减计算时间下不同模型的 α_2 都是线性增加的。

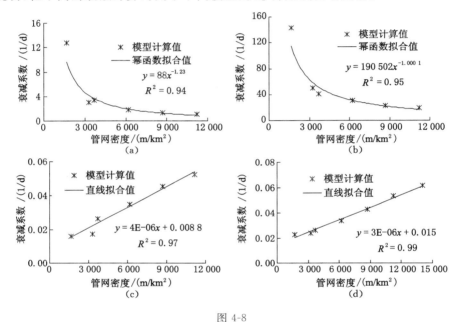

图 4-8

(a) α_1 与管网密度的关系;(b) 管道衰减系数与管网密度的关系;

(c) α_2 与管网密度的关系;(d) α_2 与管网密度的关系(10 d)

4.4　数值试验结果分析

主要计算了衰减系数与孔隙含水系统特征和管网密度的关系,衰减系数包括第一段衰减系数 α_1、第二段衰减系数 α_2 和管道衰减系数。

在孔隙-管道型地下河系统中,α_1 随着孔隙含水系统的渗透系数、含水层厚度、含水层宽度、面积和管网密度的增加而变小,且呈幂函数关系,在孔隙介质与外流域有水量交换时,α_1 受孔隙含水系统与外界交换量的影响不明显,

给水度对 α_1 的影响最小。可以看出,如果在第一段衰减过程中能够得到较多周围介质的补给,那么 α_1 将变小,而此时,流量的绝对变化率 $[Q'(t)]$ 也是变小的,这说明,尽管 α_1 是流量的相对变化率,但与流量的绝对变化率有相似的变化规律。一般情况下,孔隙含水系统与外界的水量交换都发生在系统的边界处,对孔隙向管道的补给量影响较小,这样的交换量对流量绝对变化率的影响也比较小,这又表明了 α_1 的变化与相应的流量的绝对变化率有相似的变化规律。给水度并不能直接增加孔隙介质向管道的补给量,要通过渗透系数和含水层厚度或者管网密度等来间接地影响补给量,这是给水度对 α_1 影响较小的原因。

在孔隙-管道型地下河系统中,α_2 随着渗透系数的增加而增加,且呈过原点的直线关系,孔隙含水层补给将减小 α_2,对孔隙含水层的排泄将增加 α_2,α_2 随着其他参数的增加而变小,且呈幂函数关系。由 α_1 与流量绝对变化率的关系分析可知,α_2 与相应的流量绝对变化率同样有相似的变化规律。其中,孔隙介质的给水度增加,相当于孔隙水在衰减过程中可以得到较多的补给,在有补给的情况下,α_2 减小了,同样,此时的流量绝对变化率也减小了。

管道衰减系数与孔隙含水层特征之间的关系不明显;管道流量系数 β 随第一段衰减系数的增加而变小,且呈幂函数关系。

本章并没有计算衰减系数与裂隙及管道的其他特征之间的关系,但通过上面的分析可知,当这些特征变化时,如果能够增加某一段的衰减过程中的补给量,那么衰减系数就会变小,否则变大。

4.5 小结

(1) 通过数值模型分析了衰减系数与地下河系统特征之间的关系,衰减系数包括第一段衰减系数 α_1、第二段衰减系数 α_2 和管道衰减系数。定义了管道流量系数 β,并分析了 β 与第一段衰减系数之间的关系。

(2) 衰减系数在某个时间段内是常数,不同的时间段内也是变化的,使用传统的灵敏度计算方法将得到不同时间段的多个灵敏度系数值,考虑衰减系数的灵敏度值的时变特性,定义了平均灵敏度系数的概念,即将不同时段计算的灵敏度系数值求平均。在孔隙-管道型地下河系统中,各参数对 α_1 的灵敏度系数绝对值的大小关系为:渗透系数的灵敏度系数>含水层衰减厚度的灵敏度系数>研究区宽度的灵敏度系数=研究区面积的灵敏度系数>给水度的灵敏度系数;各参数对 α_2 的灵敏度系数绝对值的大小关系为:含水层衰减厚度的灵敏度系数>渗透系数的灵敏度系数>给水度的灵敏度系数>研究区宽度的灵敏度系数＝研究区面积的灵敏度系数。

（3）无压含水层非稳定流条件下排水沟模型，是分析含水层衰减问题的最常用公式，对比了排水沟模型中的衰减系数随其中参数的变化规律与孔隙-管道型地下河系统中衰减系数随其中参数的变化规律。两模型中，各参数对 α_2 的灵敏度系数大小关系不同。

5　后寨地下河流域枯季
流量衰减特征分析

5.1　概述

　　第 3 章和第 4 章通过数值模型和物理试验分析了常用衰减方程的拟合效果、地下河系统流量衰减系数的时变特征及衰减系数与地下河系统特征之间的关系。相应的结论是在相对理想的孔隙-管道、裂隙-管道和孔隙-裂隙-管道型地下河系统条件下得到的,而实际的岩溶地下河系统的边界条件比理想模型要复杂很多,水文地质参数的非均质性、各向异性比理想模型也要强很多,理想模型分析得到的结论在实际岩溶地下河系统流量衰减中是否成立,或者理想条件下得到的结论与实际情况的差别有多大,本章将通过贵州省普定县后寨地下河流域枯季流量衰减过程进行一些对比分析。

　　后寨地下河流域枯季流量衰减特征分析,主要是对比叠加指数型、单一指数型、双曲线型和直线型四种常用衰减方程的拟合效果并分析衰减系数及其变化速度的时变特征,本章无特殊说明,衰减系数均指第 3 章定义的瞬时衰减系数。本章不进行水文地质参数与衰减系数的关系分析,这主要是因为对于一个流域来讲,水文地质参数是不变的,不能分析不同水文地质参数时的衰减系数变化情况;含水层衰减厚度及衰减过程中其他的补给、排泄项等是变化的,但这些资料目前并不能准确给出。

5.2　流域概况

　　后寨地下河流域位于贵州省普定县南部 11 km,具体位置如图 5-1 所示。地下河流域面积约 80.7 km²,海拔高度在 1 300 m 左右。后寨地下河流域是比较有代表性的西南岩溶地下河流域,贵州省在"六五"、"七五"和"八五"期间对流域的地质、水文地质、水循环特征进行了比较详细的研究,并成立了普定岩溶研究综合试验站,对流量、天窗水位和水化学指标等进行观测。

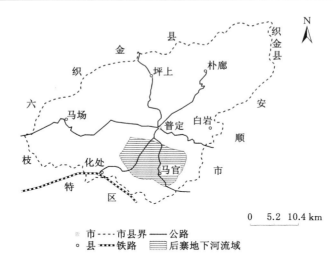

图 5-1　后寨地下河流域交通位置图(据路洪海,2003)

5.2.1　气象

后寨地下河流域属湿润亚热带季风气候。据普定岩溶研究综合试验站资料,年平均气温为 15.1 ℃[136]。地下河流域降水量丰富,多年平均降水量为 1 314.6 mm,5 月至 10 月一般为雨季,降水总量占全年降水量的 80% 以上;11 月至第二年 4 月一般为旱季,降水总量不到全年降水量的 20%[136]。

5.2.2　地貌类型及碳酸盐岩出露情况

后寨地下河流域地貌东部主要为峰丛洼地,西部主要为峰林盆地,中间为两种地貌类型的过渡地带。峰丛与洼地底部之间高差一般为 100~160 m,峰丛洼地区除有很小部分森林覆盖外,其他部分属于裸露型岩溶,土层覆盖较薄,碳酸盐岩裸露,裂隙、节理发育,洼地内多漏斗、落水洞和地下河天窗。过渡地带为裸露-覆盖型岩溶,土层覆盖面积、厚度增加。峰林盆地为覆盖型岩溶,在落水洞、漏斗和洼地上均有厚度不等的土层覆盖,表层岩溶带顶部有土层覆盖。

5.2.3　构造和地层岩性

后寨地下河流域位于普定复式向斜南段的南东翼,流域内从西向东还分布次一级的白安庄背斜和马官屯向斜。构造线整体方向是北东向。岩层倾角一般为 5°~25°,倾向 NW。流域内只发育一条较大的后寨-普定断层,走向北东,长约 10 km。

流域内构造节理发育,走向主要有两组:N320°W 和 N40°E,倾角一般在 80° 左右,接近垂直。节理间距变化较大,在节理密集区,每米长度可切穿 10 条节理。

流域出露地层为中三叠统关岭组（T_2g），按其岩性组合特征可划分为三段，其中，T_2^1g以泥页岩为主，厚度 $180\sim200$ m；T_2^2g以灰岩为主，厚度约 200 m；T_2^3g以白云岩为主，厚度约 105 m。T_2^2g 为地下河系发育的主要部位[136]。

5.2.4　地下河系统组成及形态

贵州后寨地下河流域主要由 6 条地下河支流组成，这些地下河主要分布在流域的南部和东北部。① 陈旗地下河。该地下河发源于流域东北赵家田西部后山的峰丛洼地区，地表部分和地下部分交替出现，地下部分以伏流为主，在与号营河汇合后，最后流入青山水库。② 长冲地下河。该地下河发源于新寨地区，地表部分和地下部分交替出现，地下河最后流入灯盏河。③ 羊皮寨地下河。该地下河发源于牛驼林，最后在打油寨处流入打油寨-后寨冒水坑地下河。④ 打油寨-后寨冒水坑地下河。该地下河为后寨地下河系统的主流，发源于打油寨一带，地表部分和地下部分交替出现，地表河部分除雨洪期排洪过水之外，常年干涸，在老黑潭处流出地表，伏流几百米后再转入地下河，该地下河最后经冒水坑流出后，流入波玉河和三岔河。⑤ 打油寨-木拱河地下河。该地下河发源于打油寨，最后流入流域南部边界附近的木拱河。⑥ 油菜坝-后寨冒水坑地下河。该地下河发源于木拱河的河岸边，由冒水坑流出，最后流入波玉河和三岔河。

后寨地下河系统，从平面结构特征看，整体呈较为明显的网络状。陈旗、母猪洞等上游地下河以单管形式为主，地下河系统的中游和下游，地下河系支流发育，地下河系以网络状为主。

地下河流向基本上是从东至西，冒水坑是整个流域地下河的总出口。流域内除了发育地下河系之外，还有木拱河和后寨地表河两条地表河流，地表河除雨洪期排洪过水之外，大部分时间干涸。

5.2.5　枯季地下河系统的补给、径流和排泄

枯季后寨地下河系统主要的补给源是降水，降水对地下河系统的补给以渗透和经过落水洞、天窗的灌入式补给为主。枯季地表河流对地下河基本无补给。

地下河系统中裂隙和孔隙是主要贮水空间。孔隙渗流、裂隙流和管道流是地下河的基本径流形式。裂隙流分布面积大，管道流比较集中，管道周围的孔隙水、裂隙水流以向管道排泄为主，是枯季管道水流的重要来源。管道流导水能力强，是地下河系统径流比较强的部位。孔隙水和裂隙水流层流运动，管道水流层流部分增加，层流部分主要在地下河系统的上游，中下游仍以紊流为主，流速比雨季时变小，下游出口冒水坑处，水流流速一般小于 0.02 m/s，上游则更小。

后寨地下河系统的排泄部位在冒水坑，经冒水坑出流后，最后流入三岔河。

5.3　资料选择

　　冒水坑是后寨地下河的总出口,对该站的研究较多,文献[136]和[162]将冒水坑出口流量衰减过程分成三段,认为第一段是裂隙水和管道水的混合衰减,但以管道水衰减为主;第二段衰减流量主要来自于连通性较好的岩溶裂隙;第三段衰减中,大裂隙和管道水流均已排完,流量主要来自于细小的岩溶裂隙和孔隙。第一段采用直线方程拟合,第二、三段采用单一指数方程进行拟合。

　　老黑潭位于后寨地下河中上游(图 5-2),羊皮寨地下河由地下转入地表后,经老黑潭后再进入地下。老黑潭属于流域内部的地下河支流的出口,文献[163]将老黑潭站出口流量衰减过程分成三段。本章将选择后寨地下河的总出口冒水坑和流域内地下河支流——羊皮寨地下河的出口老黑潭两个观测站进行分析。

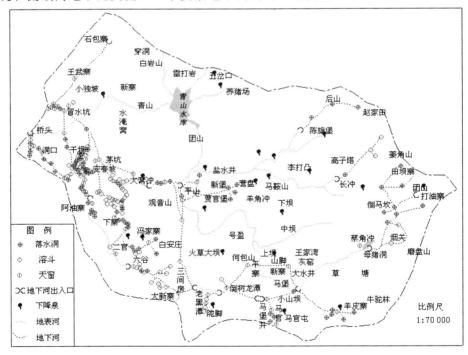

图 5-2　后寨河流域水系图(据陶玉飞,2008)

　　冒水坑站和老黑潭站流量衰减过程中,不同方程的拟合效果的差别上述文献中没有进行对比分析,没有说明不同的方程拟合效果差别是否明显,流量衰减系数的时变特性以及衰减系数变化速度的时变特性等也没有给予分析。下面选择这两个站点进行分析,但并不是所有年份的衰减过程都可以用来进行分析。

后寨地下河流域内从 20 世纪 70 年代末开始进行降雨、流量等水文要素的观测,但在枯季流量衰减的过程中,往往会出现较强的降雨,使衰减过程提前结束,这种情况下的流量衰减数据不利用于对衰减系数的时变特性等问题进行分析。

在衰减过程选择时,以雨季流域内最后一次较集中的降雨结束之后作为衰减分析的开始时刻,一直到下一次流域内较集中的降雨来临作为衰减分析的结束时刻,如果该衰减过程的三个衰减阶段明显,则作为分析衰减系数时变特性的流量序列。

共选择冒水坑站四个枯季流量衰减过程,分别是:1983～1984 年、1996～1997 年、1997～1998 年和 1998 年,每日 8 点或(和)20 点观测流量值,即流量观测时间间隔为 1 d 或半天。老黑潭站选择三个枯季流量衰减过程,分别是:1996 年、1997 年和 1999 年。

5.4　冒水坑站

5.4.1　流量衰减方程形式分析

分别使用叠加指数型(本章的叠加指数型均指新叠加指数型)、单一指数型、双曲线型和直线型对上面选择的四个衰减过程进行拟合分析,拟合效果如表5-1所列。四个衰减过程的名义衰减系数及衰减时间见表 5-2。图 5-3(a)～(d)为四个衰减过程的实测值和选择的衰减方程拟合值。

表 5-1　　　　　　　　　　**冒水坑站流量衰减过程拟合表**

衰减过程编号	时间	方程类型	R^2		
			第一段	第二段	第三段
I	1983.10.4～ 1984.1.7	叠加指数型	0.863	**0.858**	
		单一指数型	0.954	0.698	**0.883**
		双曲线型	0.891	0.366	0.652
		直线型	**0.961**	0.705	0.882
II	1996.11.9～ 1997.1.15	叠加指数型	**0.932**	0.845	
		单一指数型	0.872	0.897	**0.735**
		双曲线型	0.762	0.515	0.506
		直线型	0.917	**0.928**	0.731

衰减过程编号	时间	方程类型	R^2		
			第一段	第二段	第三段
Ⅲ	1997.10.20～1998.1.2	叠加指数型	**0.917**	0.894	
		单一指数型	0.881	**0.945**	0.677
		双曲线型	0.814	0.836	**0.755**
		直线型	0.883	0.926	0.714
Ⅳ	1998.10.11～1998.12.23	叠加指数型	0.782	**0.956**	
		单一指数型	0.888	0.667	**0.758**
		双曲线型	**0.921**	0.784	0.715
		直线型	0.913	0.651	0.757

表 5-2 　　　　　　**冒水坑站四个衰减过程名义衰减系数及衰减时间表**

衰减过程编号	第一段		第二段		第三段	
	名义衰减系数/(1/d)	衰减时间/d	名义衰减系数/(1/d)	衰减时间/d	名义衰减系数/(1/d)	衰减时间/d
Ⅰ	0.047 2	14	0.012 5	15	0.003 4	61
Ⅱ	0.062 3	11	0.017 1	27	0.001 3	49
Ⅲ	0.058 5	16	0.027 2	13	0.001 8	35
Ⅳ	0.058 1	11	0.012 6	24	0.004 1	39
平均值	0.056 5	13	0.017 4	20	0.002 7	46

　　从表 5-1 中可以看出,在四个衰减过程中的第一、二和三段中,没有同一个方程的拟合效果同时最好,或者说,四个衰减方程中的任何一个都不总能相对最好地描述衰减过程。比如,在四个衰减过程的第一段中,衰减过程Ⅰ拟合效果最好的是直线方程,衰减过程Ⅱ拟合效果最好的是叠加指数方程,衰减过程Ⅲ拟合效果最好的是叠加指数方程,衰减过程Ⅳ拟合效果最好的是双曲线方程,拟合效果最好的方程不是同一个方程。在第一段的拟合中,叠加指数方程由三个单一指数方程组成:

$$Q(t) = \sum_{i=1}^{3} Q(0)_i \mathrm{e}^{-\alpha_i t} \tag{5-1}$$

　　式(5-1)中有 6 个参数,明显多于其他三个方程的参数个数,但拟合效果却不总是最好,这主要是因为尽管叠加指数方程的参数较多,但相应的曲线仍

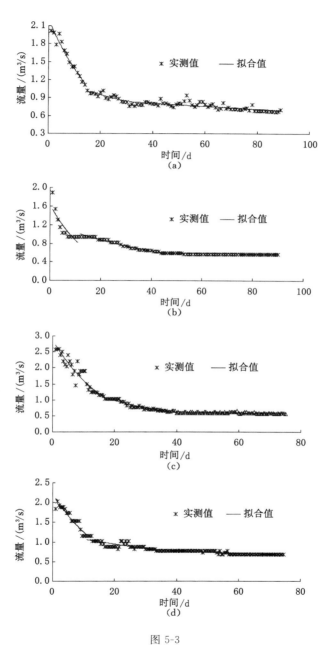

图 5-3

（a）衰减过程Ⅰ流量实测值和拟合值；（b）衰减过程Ⅱ流量实测值和拟合值；

（c）衰减过程Ⅲ流量实测值和拟合值；（d）衰减过程Ⅳ流量实测值和拟合值

然是光滑的单调曲线,而实测流量过程的波动性较大,流量过程不是光滑单调曲线,而是锯齿状曲线[图 5-3(a)～(d)],这使得叠加指数方程参数多的优点不能充分发挥。第二段中叠加指数方程的拟合效果不总是最好,也是这个原因。

表 5-1 中表明的四个衰减方程中没有一个总能相对最好地拟合衰减过程,与第 3 章中理想模型的分析结果是一致的,也就是说无论是在简单的情况下还是在实际的复杂情况下,衰减方程的形式都不是唯一的。

另外,从表 5-1 中还可以看出,对于三个衰减段,四个方程的拟合效果差别并不是非常明显,比如,在衰减过程 I 的第一段中,四个方程的 R^2 值依次为 0.863、0.954、0.891 和 0.961,单一指数型和直线型的拟合效果非常接近 (0.954, 0.961),如果在划分衰减段的时候,衰减转折点的确定略有不同,就可能会改变这两种方程的拟合效果。不同衰减方程的拟合效果差别并不明显,这在第 3 章理想模型的分析结果中也是存在的。

5.4.2　流量衰减系数时变特性分析

使用式(3-3) $\left[\alpha(t) = -\dfrac{\overline{Q}_{t+\Delta t} - \overline{Q}_t}{\Delta t} \dfrac{1}{\overline{Q}_t} \right]$ 计算冒水坑站四个衰减过程的瞬时衰减系数。计算式(3-3)中 t 和 $t + \Delta t$ 时刻的流量平均值 $\overline{Q}_t$ 和 $\overline{Q}_{t+\Delta t}$ 的公式如下:

$$\overline{Q}_t = \frac{1}{n+1} \sum_{i=0}^{n} Q_{t+i} \tag{5-2}$$

$$\overline{Q}_{t+\Delta t} = \frac{1}{n+1} \sum_{j=0}^{n} Q_{t+\Delta t+j} \tag{5-3}$$

式(5-2)和式(5-3)中 Q_{t+i} 和 $Q_{t+\Delta t+j}$ 分别为 $(t+i)$ 天和 $(t+\Delta t+j)$ 天的流量,衰减过程 I 中 n 取 2,其他三个衰减过程中 n 取 1。四个衰减过程中 Δt 均取 2 d。

四个衰减过程中 $\alpha(t)$ 随时间变化过程如图 5-4(a)～(d)所示。

从图 5-4(a)～(d)中可以看出,衰减系数整体上随衰减时间增加而变小,这与衰减段的名义衰减系数的变化是一致的(表 5-2);在第一、二衰减段内,衰减系数值也是整体上变小的,其中第一段整体变小的趋势比第二段明显,第三段(一般在整个衰减过程开始 35 d 以后,见表 5-2)衰减系数值变化很小,基本没有变小的趋势,这说明第一、二段的衰减不稳定,而第三段衰减稳定。

衰减系数值的变幅第一段大于第二段,第二段大于第三段;在每一个衰减段内衰减系数值都有增加的情况,其中第一段的波动情况大于第二段,第二段大于第三段;衰减系数的变化速度第一段大于第二段,第二段大于第三段,在第三段

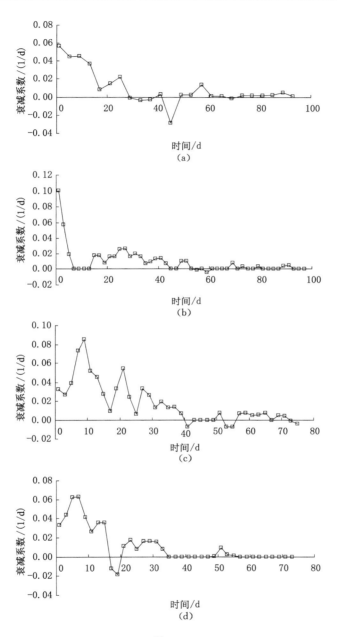

图 5-4

（a）衰减过程 I 中衰减系数随时间变化；（b）衰减过程 II 中衰减系数随时间变化；

（c）衰减过程 III 中衰减系数随时间变化；（d）衰减过程 IV 中衰减系数随时间变化

衰减过程中,衰减系数的变化速度有些时候接近 0。

　　四个衰减过程中衰减系数随时间的变化特征与第 3 章理想模型的计算结果总体上是一致的,但实际的衰减过程中,衰减系数的变幅、波动情况、变化速度都较理想模型条件下明显,这主要是由实际的水文地质参数的强各向异性和非均质性引起的,这也说明,各向异性和非均质性越强,衰减系数的变幅、波动情况、变化速度越明显,但衰减系数的整体变化特征一般是不变的。

5.5　老黑潭站

5.5.1　流量衰减方程形式分析

　　分别使用叠加指数型、单一指数型、双曲线型和直线型对老黑潭站选择的三个衰减过程进行拟合分析,拟合效果如表 5-3 所列。图 5-5(a)~(c)为三个衰减过程的实测值和选择的衰减方程拟合值。三个衰减过程的名义衰减系数及衰减时间见表 5-4。

表 5-3　　　　　　　　　　老黑潭站流量衰减过程拟合表

衰减过程编号	时间	方程类型	R^2		
			第一段	第二段	第三段
Ⅰ	1996.11.6~1996.12.31	叠加指数型	0.834	0.845	
		单一指数型	0.859	0.822	**0.681**
		双曲线型	**0.864**	**0.855**	0.613
		直线型	0.793	0.827	0.592
Ⅱ	1997.10.19~1997.12.28	叠加指数型	0.926	**0.934**	
		单一指数型	**0.931**	0.881	**0.794**
		双曲线型	0.876	0.912	0.741
		直线型	0.905	0.861	0.790
Ⅲ	1999.11.1~1999.12.31	叠加指数型	0.922	**0.859**	
		单一指数型	**0.938**	0.823	0.499
		双曲线型	0.912	0.835	0.412
		直线型	0.887	0.795	**0.501**

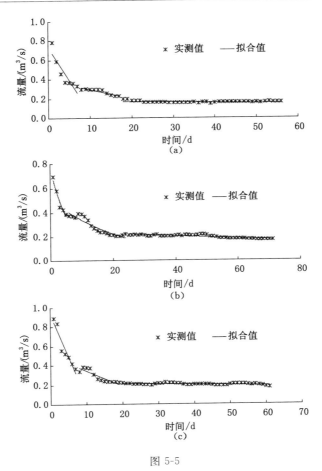

图 5-5

（a）衰减过程Ⅰ流量实测值和拟合值；（b）衰减过程Ⅱ流量实测值和拟合值；

（c）衰减过程Ⅲ流量实测值和拟合值

表 5-4　　　　　老黑潭站三个衰减过程名义衰减系数及衰减时间表

衰减过程编号	第一段		第二段		第三段	
	名义衰减系数/(1/d)	衰减时间/d	名义衰减系数/(1/d)	衰减时间/d	名义衰减系数/(1/d)	衰减时间/d
Ⅰ	0.135 8	7	0.036 7	9	0.002 3	40
Ⅱ	0.148	5	0.043 4	18	0.005 4	45
Ⅲ	0.149 2	7	0.053 5	11	0.002 8	41
平均值	0.144 3	6	0.044 5	13	0.003 5	42

从表 5-3 中可以看出,在三个衰减过程中的第一、二和三段中,没有同一个方程的拟合效果同时最好,或者说,四个常用的衰减方程都不总能相对最好地拟合衰减过程。比如,在三个衰减过程的第二段中,衰减过程 I 拟合效果最好的是双曲线方程,衰减过程 II 和 III 拟合效果最好的都是叠加指数方程。流量衰减过程和冒水坑站的衰减过程一样,都不是光滑单调曲线,这影响了叠加指数方程在拟合第一和第二段时的效果。

表 5-3 中表明的四个衰减方程中没有一个总能相对最好地拟合衰减过程,与冒水坑站和第 3 章中理想模型的分析结果都是一致的,这再次说明了无论是在简单的情况下还是在实际的复杂情况下,衰减方程的形式都不是唯一的。

另外,从表 5-3 中还可以看出,对于三个衰减过程,四个方程的拟合效果差别并不是非常明显,比如,在衰减过程 III 的第一段中,四个方程的 R^2 值依次为 0.922、0.938、0.912 和 0.887,前三个方程的拟合效果非常接近,如果在划分衰减段的时候,衰减转折点的确定略有不同,就可能会改变这三种方程的拟合效果。不同衰减方程的拟合效果差别并不明显,这在冒水坑站和第 3 章理想模型的分析结果中也是存在的。

5.5.2 流量衰减系数时变特性分析

按照式(5-2)和式(5-3)计算 $\alpha(t)$,三个衰减过程中 n 均取 2,Δt 均取 2 d。三个衰减过程中 $\alpha(t)$ 随时间变化过程如图 5-6(a)~(c)所示。

从图 5-6(a)~(c)中可以看出,衰减系数整体上随衰减时间增加而变小,这与衰减段的名义衰减系数的变化是一致的(表 5-4);第一段衰减系数值整体上是变小的,趋势较明显,第二段衰减系数略有整体变小的趋势,第三段(一般在整个衰减过程开始 20 d 以后,见表 5-4)衰减系数值相对较小,基本没有变小的趋势,这说明第一段衰减过程相对最不稳定,而第三段衰减相对最稳定;衰减系数值的变幅第一段大于第二段,第二段大于第三段;第一衰减段衰减系数值基本没有增加的情况,这可能是衰减时间较短的原因,第二和三段都有增加的情况,其中第二段的波动情况大于第三段;衰减系数的变化速度第一段大于第二段,第二段大于第三段。

三个衰减过程中衰减系数随时间的变化特征与冒水坑站和第 3 章理想模型的计算结果总体上是一致的,但冒水坑站和老黑潭站的衰减过程中,衰减系数的变幅、波动情况、变化速度都较理想模型条件下更加明显。

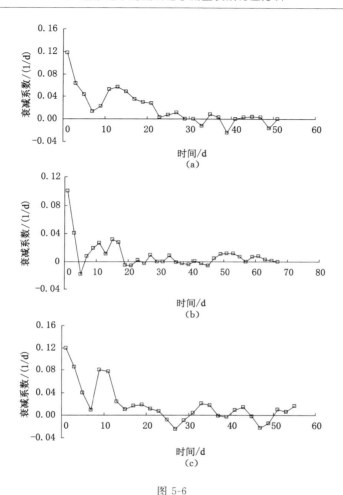

图 5-6

（a）衰减过程Ⅰ中衰减系数随时间变化；（b）衰减过程Ⅱ中衰减系数随时间变化；

（c）衰减过程Ⅲ中衰减系数随时间变化

5.6　小结

本章对后寨地下河流域的冒水坑站和老黑潭站枯季流量衰减特征进行了分析，主要是比较了叠加指数型、单一指数型、双曲线型和直线型四种常用衰减方程的拟合效果，分析了衰减系数及其变化速度的时变特征，并将分析结果与第3章中理想模型的结果进行了对比。

（1）四种常用衰减方程对冒水坑站和老黑潭站实测流量衰减过程的拟合表

明,四种常用的衰减方程都不总能相对最好地拟合衰减过程。

（2）衰减系数整体上随衰减时间增加而变小,衰减系数的变幅、波动情况、变化速度整体上随着第一、二和三衰减段而变小。

（3）冒水坑站、老黑潭站和第 3 章中理想模型在衰减方程和衰减系数方面的分析结果基本上是一致的。

6 结论及展望

本书以与周围空隙介质有密切水力联系、分布于饱和带中且具有单一出口排泄的地下河系统为研究对象,建立了系统水流运动数值模型,并分析了系统枯季流量的衰减特征。

6.1 结论

(1)在地下河的发育、分布、类型、水文地质特征和水动力特征的基础上,结合地下河水资源开发的重点,建立了西南岩溶地下河系统水文地质概念模型。将地下河系统概化为孔隙-管道、裂隙-管道和孔隙-裂隙-管道型潜水系统,上部的土壤层、表层岩溶带、非饱和裂隙带均作为潜水系统的源汇项。分析了渗透系数、给水度、水力坡度、衰减系数和含水介质比例的变化情况。

(2)推导了变质量管流的水流运动方程和连续性方程,基于广义牛顿内摩擦定律和水流能量方程,推导出了矩形无压管道二维恒定均匀层流条件下流速偏微分方程定解问题,使用固有函数法求得了解析解,建立了指数函数型和幂函数型断面平均流速近似表达式,重点分析了在宽深比大于 1 的条件下,断面平均流速和沿程阻力系数的相应变化情况,并与二元明渠恒定均匀层流进行了对比分析。

(3)针对西南岩溶地下河系统水文地质概念模型,建立了相应的数值模型,阐述了模型求解思路。数值模型中将裂隙单元分为面裂隙单元和线裂隙单元。提出了水流运动模拟中的孔隙水与裂隙水的自由面问题、管道水流有压无压转换问题、管道水流层流紊流转换问题和非线性方程组求解问题的新处理方法,编制了地下河系统的水流数值计算程序。针对混合水头损失问题,通过渗流与管道水流耦合模型,分析了常用的摩擦系数修正方法对计算结果的影响。数值模拟计算表明:层流或者光滑紊流流态时,不同的摩擦系数修正方法对结果影响较小;粗糙紊流流态时,不同的摩擦系数修正方法对结果影响较大。但在进行数值试验时,仍可以不考虑混合水头损失问题。

(4)分析了地下河系统流量衰减方程形式不统一的三个原因。第一个原因是岩溶多重介质含水层流量衰减的理论解至今还不存在;第二个原因是流量衰减过程受复杂的水文地质条件影响,通过观测数据难以识别模型和分析原因;第三个原因是枯季降雨对流量衰减过程的影响。

(5)定义了流量衰减分析的两种衰减系数:瞬时衰减系数和名义衰减系数。瞬时衰减系数用来刻画流量衰减的时变特征,给定时间段内的名义衰减系数与时间无关。

(6)提出了新叠加指数衰减方程,该方程在衰减转折点处不存在跳跃现象。分析了六种衰减方程(单一指数型、新叠加指数型、双曲线型、直线型、混合方程和广义数学模型Ⅰ)的衰减系数的时变特征,包括衰减系数随时间的变化和衰减系数变化速度随时间的变化特征,同时指出了不同方程下的衰减系数变化曲线是否存在拐点。

(7)从孔隙含水层参数的均匀性和方向性、系统边界形状、管道的层流和紊流、单管条件、管网条件和与外界是否有水量交换以及交换的方式、部位等方面,针对孔隙-管道型和孔隙-裂隙-管道型地下河系统进行了枯季流量衰减数值试验和物理试验。数值试验和物理试验结论基本一致:一般情况下,衰减系数及其变化速度随时间的增加而变小;4 种常用的衰减方程中的任何一个都不总能准确地刻画流量衰减过程;在均质各向同性且没有通过落水洞对地下河管道直接补给的降雨的情况下,双曲线方程的拟合效果整体最好;单一指数方程的适应性较强,在其他方程效果都不理想的情况下,该方程仍能得到相对较好的拟合效果,在分析水文地质条件与流量衰减系数的关系时,应使用单一指数方程的衰减系数,即名义衰减系数;直线方程的拟合效果整体最差;水文地质参数的非均质性、各向异性以及枯季降雨是影响衰减方程形式的最主要因素。

(8)分析了名义衰减系数与孔隙含水系统特征、管道含水系统特征、裂隙含水系统特征的关系,衰减系数包括第一段衰减系数 α_1、第二段衰减系数 α_2、第三段衰减系数 α_3 和管道衰减系数。在孔隙-管道型地下河系统中,α_1 随着孔隙含水系统的渗透系数、给水度、含水层厚度、含水层宽度、面积的增加而变小,且呈幂函数关系,在孔隙介质与外流域有水量交换时,α_1 随交换量变化规律不明显;α_2 随着渗透系数的增加而增加,且呈过原点的直线关系,孔隙含水层补给将减小 α_2,对孔隙含水层的排泄将增加 α_2,α_2 随着其他参数的增加而变小,且呈幂函数关系;管道衰减系数与孔隙含水层特征之间的关系不明显。在孔隙-管道型地下河系统中,α_1 和管道衰减系数都随着管道密度的增加而变小,且呈幂函数关系。α_2 随着管道密度的增加而增加,且呈直线关系。定义了管道流量系数 β,并分析了 β 与第一段衰减系数之间的关系,β 随第一段衰减系数的增加而变小,且呈幂函数关系。

（9）名义衰减系数在某个时间段内是常数，不同的时间段内也是变化的，使用传统的灵敏度计算方法将得到不同时间段的多个灵敏度系数值，考虑衰减系数的灵敏度值的时变特性，定义了平均灵敏度系数的概念，即将不同时段计算的灵敏度系数值求平均。在孔隙-管道型地下河系统中，各参数对 α_1 的灵敏度系数绝对值的大小关系为：渗透系数的灵敏度系数＞含水层衰减厚度的灵敏度系数＞研究区宽度的灵敏度系数＝研究区面积的灵敏度系数＞给水度的灵敏度系数；各参数对 α_2 的灵敏度系数绝对值的大小关系为：含水层衰减厚度的灵敏度系数＞渗透系数的灵敏度系数＞给水度的灵敏度系数＞研究区宽度的灵敏度系数＝研究区面积的灵敏度系数。

（10）无压含水层非稳定流条件下排水沟模型，是分析含水层衰减问题的最常用公式，对比了排水沟模型中的衰减系数随其中参数的变化规律与孔隙-管道型地下河系统中衰减系数随其中参数的变化规律。两模型中，各参数对 α_2 的灵敏度系数大小关系不同。

（11）利用贵州省后寨地下河流域枯季流量资料，针对流域中的冒水坑站和老黑潭站对比了叠加指数型、单一指数型、双曲线型和直线型四种常用衰减方程的拟合效果，并分析了衰减系数及其变化速度的时变特征。将分析结果与数值模型和物理试验的结果进行了对比，对比分析表明，无论是在理想条件下还是在实际的复杂条件下，四种常用的衰减方程都不总能相对最好地拟合衰减过程；衰减系数整体上随衰减时间增加而变小，衰减系数的变幅、波动情况、变化速度整体上随着第一、二和三衰减段而变小。

6.2　展望

本书的研究是初步的，有以下问题值得继续和深入研究：

（1）由于地下河系统水文地质条件的复杂性，需进一步合理概化地下河系统的水文地质特征，包括含水介质的划分及其中水流运动方式、高度异质性的数学刻画方法等，并提出更接近实际情况的水文地质概念模型，因为概念模型是进行数值模型研究和物理试验研究的基础。

（2）以典型的概念模型为重点，进一步研究衰减系数的变化特征及衰减方程的形式，包括使用数值试验、物理试验和解析解三种方法，解析解的求取是重要的。

（3）通过分析衰减系数与水文地质特征之间的关系，并结合其他的方法，研究反演水文地质条件的方法。

（4）岩溶地下河系统数值模型和水文模型的耦合研究。

参 考 文 献

［1］史运良,王腊春,朱文孝.西南喀斯特山区水资源开发利用模式［J］.科技导报,2005,23(2):52-55.

［2］郭纯青,李文兴,等.岩溶多重介质环境与岩溶地下水系统［M］.北京:化学工业出版社,2006.

［3］郭纯青.中国岩溶地下河系及其水资源［M］.桂林:广西师范大学出版社,2004.

［4］蒋忠诚,夏日元,时坚,等.西南岩溶地下水资源开发利用效应与潜力分析［J］.地球学报,2006,27(5):495-502.

［5］唐健生,夏日元.南方岩溶石山区资源环境特征与生态环境治理对策探讨［J］.中国岩溶,2001,20(2):140-148.

［6］李林立,况明生,蒋勇军.我国西南岩溶地区土地石漠化研究［J］.地域研究与开发,2003,22(3):71-74.

［7］中国科学院地学部.关于推进西南岩溶地区石漠化综合治理的若干建议［J］.地球科学进展,2003,18(4):489-492.

［8］黄书汉,钱孝星.岩溶地下水研究的回顾与展望［J］.水利水电科技进展,1997,17(4):11-13.

［9］赖苗,赵坚.岩溶地下水渗流计算方法综述［J］.水电能源科学,2002,20(4):44-47.

［10］焦赳赳,王旭升,成建梅,等.陈崇希教授的学术思想和成就综述［J］.地球科学——中国地质大学学报,2003,28(5):471-482.

［11］BOUSSINESQ J. Essai sur la théorie des beaux courante denouements nonpermanent des beaux southerliness［J］. Acad. Sci. Inst. Fr. ,1877,23:252-260.

［12］MAILLET E. Essais d'hydraulique souterraine et fluviale［J］. Librairie Scientifique A. Hermann et fils,Paris,1905:218.

［13］MIJATOVIC B. Détermination de la transmissivité et ducoefficient d'emmagasinement par la courbe de tarissement dans les aquifères karstiques

[J]. Int. Assoc. Hydrogeol. ,1974,10(1):225-230.

[14] BRUTSAERT W,NIEBER J L. Regionalized drought flow hydrographs from a mature glaciated plateau[J]. Water Resources Research,1977,13 (3):637-643.

[15] TROCH P A,DE TROCH F P,BRUTSAERT W. Effective water table depth to describe initial conditions prior to storm rainfall in humid regions [J]. Water Resources Research,1993,29:427-434.

[16] SZILAGYI J,PARLANGE M B. Baseflow separation based on analytical solutions of the Boussinesq equation[J]. Journal of Hydrology,1998,204: 251-260.

[17] SOKOLOV D S. Hydrodynamic zoning of karst water[C]//A. I. H. S. conference on Hydrology of fissured rocks. Ed: AIHS, Paris. Dubrovnik,1965.

[18] MANGIN A. Contribution à i'étude des aquifères karstiques àpartir de i'analyse des courbes de décrue et tarissement[J]. Ann. Spéléol. ,1970, 25:581-610.

[19] MANGIN A. Contribution à i'étude hydrodynamique des aquifères karstiques[D]. Institut des sciences de la Terre de i'université de Dijon, Moulis,Thèse de Doctorat ès Sciences Naturelles,1975.

[20] SOULIOS G. Contribution à i'étude des courbes de récession des sources karstiques:exemples du pays Hellénique[J]. Journal of Hydrology,1991, 124:29-42.

[21] PADILLA A,PULIDO-BOSCH A,MANGIN A. Relative importance of baseflow and quickflow from hydrographs of karst spring[J]. Ground Water,1994,32(2):267-277.

[22] BOUSSINESQ J. Sur un mode simple d'e'coulement des nappes d'eau d'infiltration à lit horizontal,avecrebord vertical tout autour lorsqu'une partie de ce rebordest enleve'e depuis la surface jusqu'au fond[J]. C. R. Acad. Sci. ,1903,137:5-11.

[23] BOUSSINESQ J. Recherches théoriques sur i'écoulement des nappes d'eau infiltrées dans le sol et sur le débit des sources[J]. J. Math. Pure Appl. ,1904,10:5-78.

[24] TALLAKSEN L M. A review of baseflow recession analysis[J]. Journal of Hydrology,1995,165:349-370.

[25] BARNES B S. The structure of discharge-recession curves[J]. EOS Transactions American Geophysical Union,1939,20(4):721-725.

[26] FARVOLDEN R N. Geologic control on groundwater storage and baseflow[J]. Journal of Hydrology,1963,1:219-249.

[27] JR W G K. Baseflow recession analysis for comparison of drainage basins and geology [J]. Journal of Geophysical Research, 1963, 68 (12): 3649-3653.

[28] RIGGS H C. The base-flow recession curve as an indicator of ground water[J]. Int. Assoc. Sci. Hydrol. ,1964,63:352-363.

[29] SZILAGYI J,PARLANGE M B,ALBERTSON J D. Recession flow analysis for aquifer parameter determination[J]. Water Resources Research, 1998,37:1851-1857.

[30] HALL F R. Base flow recessions-a review[J]. Water Resources Research, 1968,4(5):973-983.

[31] DROGUE C. Analyse statistique des hydrogrammes deécrues des sources karstiques[J]. Journal of Hydrology,1972,15:49-68.

[32] HORTON R E. The role of infiltration in the hydrologic cycle[J]. Transactions,American Geophysical Union,1933,14:446-460.

[33] WERNER P W,SUNDQUIST K J. On the groundwater recession curve for large watersheds[J]. IAHS Publication,1951,33:202-212.

[34] SINGH K P,STALL J B. Derivation of base flow recession curves and parameters[J]. Water Resources Research,1971,7(2):292-303.

[35] NUTBROWN D A. Normal mode analysis of the linear equation of groundwater flow[J]. Water Resources Research,1975,11(6):979-987.

[36] NUTBROWN D A,DOWNING R A. Normal-mode analysis of the structure of baseflow-recession curves[J]. Journal of Hydrology,1976,30:327-340.

[37] KOVÁCS A. Geometry and hydraulic parameters of karst aquifers:A hydrodynamic modeling approach[D]. Switzerland:University of Neufchatels,2003.

[38] KOVÁCS A,PERROCHET P,KIRÁLY L,et al. Quantitative method for the characterization of karst aquifers based on spring hydrograph analysis [J]. Journal of Hydrology,2005,303:152-164.

[39] WITTENBERG H. Nonlinear analysis of flow recession curves[J]. IAHS

Publication,1994,221:61-67.

[40] MOORE R D. Storage-outflow modeling of streamflow recessions,with application to a shallow-soil forested catchment[J]. Journal of Hydrology,1997,198:260-270.

[41] WITTENBERG H,SIVAPALAN M. Watershed groundwater balance estimation using streamflow recession analysis and baseflow separation [J]. Journal of Hydrology,1999,219:20-33.

[42] WITTENBERG H. Baseflow recession and recharge as nonlinear storage processes[J]. Hydrological Processes,1999,13(5):715-726.

[43] CHAPMAN T. A comparison of algorithms for streamflow recession and baseflow separation[C]//International Congress on Modeling and Simulation MODSIM 97. Hobart,Tasmania,Australia,1997:294-299.

[44] BRUTSAERT W H,LOPEZ J P. Basin-scale geohydrologic drought flow features of riparian aquifers in the southern Great Plains[J]. Water Resources Research,1998,34(2):233-240.

[45] FORKASIEWICZ J,PALOC H. Le re'gime detarissement de la Foux de laVis(Gard-France). Etude pre'liminaire[C]//Proc. Hydrol. des Roches Fissure'es. Dubrovnik,1965:213-226.

[46] DAUTY J. Choix d'un modèle de décrue suivant la structure d'un réservoir simple schématique[R]. EDF Dir. Hydro. Rapport 44,1967.

[47] CHENG Q M. A combined power-law and exponential model for streamflow recessions[J]. Journal of Hydrology,2008,352:157-167.

[48] SCHOELLER H. Le régime hydrogéologique des calcaires éocènes du Synclinal du Dyr el Kef(Tunisie)[J]. Bull. Soc. Géol. Fr. ,1948,5(18):167-180.

[49] SHEVENELL L. Analysis of well hydrographs in a karst aquifer:estimates of specific yields and continuum transmissivities[J]. Journal of Hydrology,1996,174:331-355.

[50] VASILEVA D,KOMATINA M. A contribution of the alpha recession coefficient investigation in karts terrains[J]. Theoretical and Applied Genetics,1997,10:45-54.

[51] SCHOELLER H. Hydrodynamique dans le karst [J]. Chronique d'hydrogéol. ,1967,10:7-21.

[52] DROGUE C. Essai de détermination des composantes de l'écoulement des

sources karstiques. Evaluation de la capacite de rétention par chenaux et fissures[J]. Chronique d'Hydrogéol. ,1967,10:43-47.

[53] KIRÁLY L, MOREL G. Remarques sur l'hydrogramme des sources karstiques simulé par modèles mathématiques [J]. Bull. Centre d'Hydrogéol. —Univ. de Neuchatel(Suisse),1976,1:37-60.

[54] EISENLOHR L, BOUZELBOUDJEN M, KIRÁLY L, et al. Numerical versus statistical modeling of natural response of a karst hydrogeological system [J]. Journal of Hydrology,1997,202:244-262.

[55] CROKE B F W. A technique for deriving an average event unit hydrograph from streamflow-only data for ephemeral quickflow-dominant catchments[J]. Advances in Water Resources,2006,29(4):493-502.

[56] CHENG Q M,KO C,YUAN Y H,et al. GIS Modeling for predicting river runoff volume in ungauged drainages in the Greater Toronto Area,Canada [J]. Computer & Geosciences,2006,32(8):1108-1119.

[57] COUTAGNE A. Météorologie et hydrologie-Etude générale des débits et des facteurs qui les conditionnent. 2ème partie:les variations de débit en période noninfluencée par les précipitations. Le débit d'inflitration corrélations fluviales internes[J]. La Houille Blanche,1948:416-436.

[58] TOEBES C,STRANG D D. On recession curves,1—Recession equations [J]. Journal of Hydrology,1964,3(2):2-15.

[59] RADCZUK L,SZARSKA O. Use of the flow recession curve for the estimation of conditions of river supply by underground water[J]. IAHS Publication,1989,187:67-74.

[60] OTNES J. Uregulerte elvers vassforing itrrvaersperioder[J]. Nor. Geogr. Tidsskr. ,1953,14:210-218.

[61] OTNES J. Tφrrvrsperioder[C]//OTNES J,RESTAD E. Hydrology Praksis. Ingeniorforlaget,Oslo,1978:227-233.

[62] 黄敬熙. 流量衰减方程及其应用——以洛塔岩溶盆地为例[J]. 中国岩溶, 1982,1(2):118-126.

[63] 缪钟灵,缪执中. 指数衰减方程在地下水研究中的运用[J]. 勘察科学技术, 1984,5:1-5.

[64] 林敏. 泉流量衰减方程中 α 系数物理意义的探讨[J]. 勘察科学技术,1984, 5:6-10.

[65] 林敏,陈崇希. 岩溶含水层中地下水向泉口流动的解析模型[J]. 中国岩溶,

1988,7(3):247-252.

[66] 杨立铮.地下河流域岩溶水天然资源类型及评价方法[J].水文地质工程地质,1982,4:22-25.

[67] 程俊贤.关于"地下河流域岩溶水天然资源类型及评价方法"一文中若干问题商榷[J].水文地质工程地质,1984,5:42.

[68] 汤邦义.多亚动态型泉水流量衰减方程的探讨[J].勘察科学技术,1984,5:10-15.

[69] 程俊贤.岩溶水消耗期亚动态叠加及应用[J].勘察科学技术,1985,2:52-58.

[70] SMAKHTIN V Y. Low flow hydrology:a review [J]. Journal of Hydrology,2001,240:147-186.

[71] EISENLOHR L. Variabilité des réponses naturelles des aquifères karstiques[D]. Université de Neuchatel,1996.

[72] EISENLOHR L, KIRÁLY L, BOUZELBOUDJEN M, et al. Numerical simulation as a tool for checking the interpretation of karst springs hydrographs[J]. Journal of Hydrology,1997a,193:306-315.

[73] CORNATON F. Utilisation de modèles continu discret et a double continuum pourl'analyse des reponses globales de l'aquifère karstique[D]. Diplôma,CHYN,Université De Neuchatel,1999.

[74] 程星,杨子江.影响喀斯特地下水调蓄功能的因素的探讨[J].中国岩溶,2000,19(1):52-57.

[75] 曹建华,袁道先,裴建国,等.受地质条件制约的中国西南岩溶生态系统[M].北京:地质出版社,2005.

[76] CHOW V T. Hydrologic determination of waterway areas for the design of drainage structures in small drainage basin[M]. Engineering Experiment station,Bulletion,University of Illinois at Urbana Champaign,1962,462:91-104.

[77] TASKER G D. Estimating low-flow characteristics of streams in southeastern Massachusetts from maps of groundwater availability [M]. USGS. paper 800-D,1972:217-220.

[78] SKELTON J. Estimating low-flow frequency for perennial Missouri Ozarks stream[R]. Water Resources Investigations 59-73,USGS,1974.

[79] CARLSTON C W. The effect of climate on drainage density and streamflow[J]. International Association of Scientific Hydrology. Bulletin,1966,

11(3):62-69.

[80] WRIGHT E. Catchments characteristics influencing low flows[J]. Water and Water Engineering,1970,74(11):468-471.

[81] CHANG W,BOYER D G. Estimates of low-flows using watersheds and climatic parameters [J]. Water Resources Research, 1977, 13 (6): 997-1001.

[82] ARMBRUSTER J T. An infiltration index useful in estimating low-flow characteristics of drainage basins[J]. Journal of Research,USGS,1976,4 (5):533-538.

[83] SMAKHTIN V Y. Generation of Natural Daily Flow Time-series in Regulated Rivers Using a Non-liner Spatial Interpolation Technique[J]. Regulated Rivers:Research & Management,1999,15:311-323.

[84] REOGERS J D,ARBRUSTER J T. Low-flow and hydrologic droughts [J]. Surface Water Hydrology,Geological Society of America,Boulder, CO,1990:121-130.

[85] BROWNE T J. Derivation of a geologic index for low-flow studies[J]. Catena 8,1981:265-280.

[86] PEREIRA L S,KELLER H M. Recession characterization of small mountain basins,derivation of master recession curves and optimization of recession parameters[J]. IAHS Publication,1982(138):243-255.

[87] DEMUTH S. The application of the west German IHP Recommendations for the analysis of data from small research basins[J]. IAHS Publication, 1989(187):47-60.

[88] BINGHAM R H. Regionalization of winter low-flow characteristics of Tennessee streams[R]. USGS Water-Resources Investigations Report, 1986:88.

[89] KUUSISTO E. Winter and summer low flows in Finland[J]. Aqua. Fenn. ,1987,16(2):181-186.

[90] ZECHARIAS Y B,BRUTSAERT W. The influence of basin morphology on groundwater outflow[J]. Water Resources Research,1988,24(10): 1645-1650.

[91] HUTCHINSON P D. Regression estimation of low flow in New Zealand [M]. Hydrology Centre Christchurch,NZ Publication 22,1990.

[92] CLAUSEN B. Modeling streamflow recession in two Danish streams[J].

Nord，Hydrology，1992，23（2）：73-88.

［93］ CLAUSEN B，PEARSON C P. Regional frequency analysis of annual maximum streamflow drought［J］. Journal of Hydrology，1995，173：111-130.

［94］ NATHAN R J，MCMAHON T A. Estimating low flow characteristics in ungauged catchments：a practical guide［D］. Melbourne：University of Melbourne，1991：60.

［95］ VOGEL，RICHARD M，CHARLES N，et al. Regional geohydrologic-geomorphic relationships for the estimation of low-flow statistics［J］. Water Resources Research，1992，28（9）：2451-2458.

［96］ SAKOVICH V M. Regional estimation method of minimum river flows from river basin characteristics［C］//Proceedings of the International Symposium on Runoff Calculations for Water Projects. Russia：St. Petersburg，1995.

［97］ NATHAN R J，AUSTIN K，CRAWFORD D，et al. The estimation of monthly yield in ungauged catchments using a lumped conceptual model ［J］. Australian Journal of Water Resources，1996，1（2）：65-75.

［98］ LACEY G C，GRAYSON R B. Relating baseflow to catchment properties in south eastern Australia［J］. Journal of Hydrology，1998，204：231-250.

［99］陈利群，刘昌明，李发东. 基流研究综述［J］. 地理科学进展，2006，25（1）：2-15.

［100］李秀云，汤奇成，傅肃性，等. 中国河流的枯水研究［M］. 北京：海洋出版社，1993.

［101］王在高. 喀斯特流域枯水及其枯水资源承载力研究［D］. 贵阳：贵州师范大学，2002.

［102］梁虹. 喀斯特流域空间尺度对洪、枯水水文特征值影响初探——以贵州河流为例［J］. 中国岩溶，1997，16（2）：121-129.

［103］梁虹. 喀斯特流域空间尺度与枯水流量初步研究——以贵州为例［J］. 贵州师范大学学报（自然科学版），1997，15（3）：1-5.

［104］梁虹，王剑. 喀斯特地区流域岩性差异与洪、枯水特征值相关分析——以贵州河流为例［J］. 中国岩溶，1998，17（1）：67-73.

［105］王在高，梁虹，杨明德. 喀斯特流域地貌类型对枯水径流的影响——以贵州省河流为例［J］. 地理研究，2002，21（4）：441-448.

［106］王在高，梁虹. 基于 GIS 分析喀斯特流域下垫面因素对枯季径流的影响

[J].中国岩溶,2002,21(1):56-60.

[107] 马文瀚,梁虹.喀斯特流域地貌类型对枯水径流特征的影响分析[J].贵州师范大学学报(自然科学版),2002,20(4):1-5.

[108] 吴琳娜,梁虹,杨书娟,等.喀斯特流域结构与枯水径流研究[J].贵州师范大学学报(自然科学版),2004,22(3):5-9.

[109] 刘昌明,钟骏襄.黄土高原森林对年径流影响的初步分析[J].地理学报,1978,33(2):112-127.

[110] 金栋梁.森林对水文水资源的影响[J].人民长江,1989(1):28-35.

[111] 金栋梁,刘予伟.森林水文效应实验分析[J].水利水电快报,2007,28(14):16-21.

[112] KIRÁLY L. A three dimensional model for groundwater flow simulation [R]. NAGRA Technical Report,Switzerland:Baden,1985:84-89.

[113] KIRÁLY L. Large scale 3-D groundwater flow modelling in highly heterogeneous geologic medium [J]. Groundwater Flow and Quality Modelling,1988,224:761-775.

[114] EVANGELOS R,DEMETRIS K. A multicell karstic aquifer model with alternative flow equations [J]. Journal of Hydrology,2006,325:340-355.

[115] ROZOS E, KOUTSOYIANNIS D. Modelling a karstic aquifer with a mixed flow equation [J]. Geophysical Research Abstracts, 2006, 8:03970.

[116] THRAILKILL J,SULLIVAN S B,GOUZIE D R. Flow parameters in a shallow conduit flow carbonate aquifer[J]. Journal of Hydrology,1991,129:87-108.

[117] 夏日元,郭纯青.岩溶地下水系统单元网络数学模拟方法研究[J].中国岩溶,1992,11(4):267-278.

[118] 陈崇希.岩溶管道-裂隙-孔隙三重介质地下水流模型及模拟方法研究[J].地球科学,1995,20(4):361-366.

[119] 成建梅,陈崇希.广西北山岩溶管道-裂隙-孔隙地下水流数值模拟初探[J].水文地质工程地质,1998(4):50-54.

[120] 赵坚,赖苗,沈振中.适于岩溶地区渗流场计算的改进折算渗透系数法和变渗透系数法[J].岩石力学与工程学报,2005,24(8):1341-1347.

[121] 尹尚先,武强,王尚旭.范各庄矿井地下水系统广义多重介质渗流模型[J].岩石力学与工程学报,2004,23(14):2319-2325.

[122] 杨立铮.中国南方地下河分布特征[J].中国岩溶,1985,4(1):92-100.

［123］袁道先,朱德浩,翁金桃,等.中国岩溶学[M].北京:地质出版社,1993.

［124］王宇.西南岩溶地区岩溶水系统分类、特征及勘查评价要点[J].中国岩溶,2002,21(2):114-119.

［125］裴建国,梁茂珍,陈阵.西南岩溶石山地区岩溶地下水系统划分及其主要特征值统计[J].中国岩溶,2008,27(1):6-10.

［126］何宇彬.试论均匀状厚层灰岩水动力剖面及实际意义[J].中国岩溶,1999,10(1):1-12.

［127］劳文科,李兆林,罗伟权,等.洛塔地区表层岩溶带基本特征及其类型划分[J].中国岩溶,2002,21(1):30-35.

［128］邹胜章,张文慧,梁小平.表层岩溶带调蓄系数定量计算——以湘西洛塔赵家湾为例[J].水文地质工程地质,2005(4):37-42.

［129］蒋忠诚,王瑞江,裴建国.我国南方表层岩溶带及其对岩溶水的调蓄功能[J].中国岩溶,2001,20(2):106-110.

［130］AQUILINA L,LADOUCHE B,DORFLIGER N. Water storage and transfer in the epikarst of karstic systems during high flow periods [J]. Journal of Hydrology,2006,327:472-485.

［131］卢耀如.地质—生态环境与可持续发展——中国西南及邻近岩溶地区发展途径[M].南京:河海大学出版社,2003.

［132］何宇彬.试论喀斯特水动力剖面模式[J].地球科学——中国地质大学学报,1994,19(1):119-127.

［133］ERIC P W,CAROL W M. Fluid and solute transport from a conduit to the matrix in a carbonate aquifer system[J]. Mathematical Geology,2005,37(8):232-242.

［134］中国科学院地质研究所岩溶研究组.中国岩溶研究[M].北京:科学出版社,1979.

［135］洛塔岩溶地质研究组.洛塔岩溶及其水资源评价与利用的研究[M].北京:地质出版社,1984.

［136］俞锦标,杨立铮,方明泽,等.中国喀斯特发育规律典型研究——贵州普定南部地区喀斯特水资源评价及其开发利用[M].北京:科学出版社,1990.

［137］李家星,赵振兴.水力学[M].南京:河海大学出版社,2001.

［138］卫迦,田华兵.岩溶管流水力学模型的典型研究——以后寨地下河为例[J].成都理工大学学报(自然科学版),1997,24(增刊):60-66.

［139］HOPF L. Turbulenz bei einem flusse[J]. Annelen der Physik,1910,337(9):777-808.

［140］OWEN W M. Laminar to turbulent flow in a wide open channel［J］. Transactions of the American Society of Civil Engineers,1954,119(1): 1157-1164.

［141］STRAUB L G,SILBERMAN E,NELSON H C. Some observations on open channel flow at small Reynolds numbers［J］. Journal of the Engineering Mechanics Division,1956,82(3):1-28.

［142］张长高. 水动力学［M］. 北京:高等教育出版社,1993.

［143］张长高. 梯形断面明槽中恒定均匀流的流速分布［J］. 河海大学学报, 1998,26(5):17-21.

［144］CHEN C X,JIAO J J. Numerical simulation of pumping test in multi-layer wells with non-Darcian flow in the well bore［J］. Ground Water, 1999,37(3):465-474.

［145］CHENG J M,CHEN C X. An integrated linear/non-linear flow model for the conduit-fissure-pore media in the karst triple void aquifer system ［J］. Environmental Geology,2005,47:163-174.

［146］胡立堂,陈崇希. 数值模型在黑河干流中游水资源管理中的应用［J］. 地质科技情报,2006,25(2):93-98.

［147］LANGE C R,LANGE S R. Groundwater quality［J］. Water Environment Research,2004,76(6):2189-2261.

［148］BAKKER M,KELSON V A,LUTHER K H. Multilayer analytic element modeling of radial collector wells［J］. Ground Water,2005,43(6): 926-934.

［149］SUN D M,ZHAN H B. Flow to a horizontal well in an aquitard-aquifer system［J］. Journal of Hydrology,2006,321(1-4):364-376.

［150］QIAN J Z,ZHAN H B,LUO S H,et al. Experimental evidence of scale-dependent hydraulic conductivity for fully developed turbulent flow in a single fracture［J］. Journal of Hydrology,2007,339(3-4):206-215.

［151］YUAN H,SARICA C,BRILL J P. Effect of completion geometry and phasing on single-phase liquid flow behavior in horizontal wells［J］. Producing Well,1998:93-104.

［152］周生田,张琪,李明忠,等. 孔眼流入对水平井中流动影响的实验研究［J］. 实验力学,2000,15(3):306-311.

［153］周生田. 水平井变质量流研究进展［J］. 力学进展,2002,32(1):119-127.

［154］姜振强. 水平井管流对产能影响研究［D］. 北京:中国地质大学,2006.

[155] RONALDO V,SARICA C,ERTEKIN T. An investigation of horizontal well completions using a two-phase model coupling reservoir and horizontal well flow dynamics[C]//SPE Annual Technical Conference and Exhibition 71601,2001:55-69.

[156] OUYANG L B,AZIZ K,KALID,et al. Single phase and multiphase fluid flow in horizontal wells[D]. California:Stanford University,1998.

[157] OUYANG L B,AZIZ K. A homogeneous model for gas-liquid flow in horizontal wells[J]. Journal of Petroleum Science and Engineering, 2000,27(3):119-128.

[158] 陈崇希,万军伟,詹红兵,等. "渗流-管流耦合模型"的物理模拟及其数值模拟[J]. 水文地质工程地质,2004(1):1-8.

[159] 陈崇希,万军伟. 地下水水平井流的模型及数值模拟方法——考虑井管内不同流态[J]. 地球科学,2002,27(2):135-140.

[160] 刘德华,刘志森. 油藏工程基础[M]. 北京:石油工业出版社,2004.

[161] 李从瑞,陈元千. 预测产量及可采储量的广义数学模型[J]. 石油勘探与开发,1998,25(4):38-41.

[162] 王腊春,许有鹏,张立峰. 贵州普定后寨地下河流域岩溶水特征研究[J]. 地理科学,2000,20(6):557-562.

[163] 杨勇. 后寨河流域岩溶含水介质结构与地下径流研究[J]. 中国岩溶, 2001,20(1):17-20.